煤矿其他从业人员安全培训数字化创新教材

煤矿新工人安全培训教材

（2025 版）

全国煤矿安全培训教材建设专家委员会　**组织编写**

马胜银　刘　欢　王丙成　**主编**

中国矿业大学出版社

·徐州·

内容提要

本教材依据《煤矿安全培训规定》(国家安全生产监督管理总局令第92号)、2021版《中华人民共和国安全生产法》、2022版《煤矿安全规程》、2024版《煤矿安全生产条例》等相关法律法规组织编写。内容包括安全生产方针、法律法规与安全培训,煤矿从业人员安全生产的权利与义务,煤矿企业规章制度,劳动合同与劳动保护,职业道德,煤矿生产基础知识,入井常识,灾害防治与事故应急避险,煤矿职业病危害及职业病防治,自救、互救与现场急救,煤矿典型事故案例分析,新工人井下师带徒实习等。

本书是煤矿新工人的安全培训教材,也可供煤矿企业的管理人员、工程技术人员和相关人员学习、参考。

图书在版编目(CIP)数据

煤矿新工人安全培训教材 / 马胜银，刘欢，王丙成主编. —徐州 ：中国矿业大学出版社，2024.3(2024.12重印)

ISBN 978-7-5646-6189-2

Ⅰ. ①煤… Ⅱ. ①马… ②刘… ③王… Ⅲ. ①煤矿—安全生产—安全培训—教材 Ⅳ. ①TD7

中国国家版本馆CIP数据核字(2024)第058888号

书　　名　煤矿新工人安全培训教材
主　　编　马胜银　刘　欢　王丙成
责任编辑　吴学兵
出版发行　中国矿业大学出版社有限责任公司
(江苏省徐州市解放南路　邮编221008)
营销热线　(0516)83885370　83884103
出版服务　(0516)83885312　83884920
网　　址　http://www.cumtp.com　**E-mail**:cumtpvip@cumtp.com
印　　刷　江苏淮阴新华印务有限公司
开　　本　880 mm×1240 mm　1/32　**印张** 8.75　**字数** 269千字
版次印次　2024年3月第1版　2024年12月第2次印刷
定　　价　29.00元

《煤矿新工人安全培训教材》
编写委员会

主　　编：马胜银　刘　欢　王丙成

副 主 编：张　毅　张　惠　王宏飞　刘　斌
刘丽会　王秀英　张洪伟　谢永鹏
郭红波

参编人员：李向利　于大强　李　飞　皮泽宇
田利红　刘建平　陈胜利　郭坤鹏
韩　华　胡宝伟　李宗明　刘媛菊
罗　东　马国荣　王　敬

数字资源使用方法

一、书中二维码视频观看方法

微信扫书中二维码即可观看对应视频。

二、考试题库软件使用方法

微信扫码关注“中国矿业大学出版社煤炭知识服务”微信公众号，点击右下角“在线学习”—“在线考试”，微信授权进入“煤矿安培考试”小程序。“自测练习”模块可顺序练习，“模拟考试”模块可进行模拟考试，“我的错题”模块可查看错题，进入相应模块后，点击“请选择题库”，左侧一栏向上翻，选择“其他从业人员”—“新工人 2025”，点击“确定”开始学习。公众号中回复“考试题库”，弹出的文章中第一篇有题库软件使用方法，可供参考。

中国矿业大学出版社煤炭知识服务

前　言

为适应和满足煤矿企业新招录员工安全培训工作的实际需要，依据《煤矿安全培训规定》（国家安全生产监督管理总局令第 92 号）、2021 版《安全生产法》、2022 版《煤矿安全规程》、2024 版《煤矿安全生产条例》等法律、法规和煤炭行业相关标准，在深入调研和广泛征求煤矿新工人安全培训意见的基础上，本着针对性、实用性和前瞻性的要求，结合煤矿安全生产实际，我们组织编写了《煤矿新工人安全培训教材》。

本教材共 12 章，内容包括：安全生产方针、法律法规与安全培训，煤矿从业人员安全生产的权利与义务，煤矿企业规章制度，劳动合同与劳动保护，职业道德，煤矿生产基础知识，入井常识，灾害防治与事故应急避险，煤矿职业病危害及职业病防治，自救、互救与现场急救，煤矿典型事故案例分析，新工人井下师带徒实习等。其中，新工人井下师带徒实习供选学。

本教材主要有以下特点：

(1) 满足入矿新工人安全培训的实际要求，符合国家关于煤矿新工人培训大纲要求，突出入矿新工人安全素质提高，知识全面丰富。

(2) 严格按照 2024 版《煤矿安全生产条例》以及最近几年国家颁布实施的一系列法律、法规、政策编写，有针对性地增加了新的实用性知识，符合当前煤矿安全生产发展的特点。

(3) 无论是内容的全面性，还是知识点的覆盖面，均具有典型的代表性，且层次分明、系统科学，可满足全国各类煤矿企业新工人的安全培训要求。

(4) 进行了数字化创新，配套相关实操视频及数字题库，可利用手机扫码观看实操视频或进行在线答题，可提升学员学习兴趣，便于学员自我检测培训效果。

书中法律名称均省去“中华人民共和国”，用简称。

本教材是煤矿企业入矿新工人的安全培训教材，也可供煤矿企业的管理人员、工程技术人员和相关人员学习、参考。

本教材配套有考试题库软件，请关注“中国矿业大学出版社煤炭知识服务”微信公众号进行学习。本教材配套有PPT课件和考试试题，便于培训教师备课和组织考试，请加QQ群(群号708756397)或加微信xuebwu联系(只限培训机构教师)。

限于编者水平，书中难免有不妥之处，敬请广大读者批评指正。

全国煤矿安全培训教材建设专家委员会

2024年12月

目 录

第一章　安全生产方针、法律法规与安全培训

第一节　职工安全培训常见疑问

学习目标

1. 了解安全培训的目的。
2. 了解安全培训中需要注意的事项。
3. 了解安全培训学习内容及考核要求。

相关知识

一、煤矿职工为什么一定要参加安全培训

一是因为参加安全培训是法律赋予每一名职工的权利和义务，不按规定参加安全培训就是违法，需要承担相应的法律责任，甚至可能会受到法律的惩处。

二是因为工作的煤矿井下现场存在着各种各样的自然灾害、事故隐患和安全风险等，只有参加培训才能系统、全面地学习和掌握相关安全知识和技能，促进事故防范和学会避灾逃生。

三是因为只有按规定参加培训，经考核合格，并取得相应的安全操作证书或安全培训合格证(明)后，才能具备相应的上岗作业资格。

四是因为安全培训是广大职工一项特殊的福利和待遇，常说“一人培训、三代受益”“一次培训、终身受益”。所以，安全培训既事关职工的生命安全，又和职业安全发展息息相关，任何人都没有理由不参加培训。

五是因为通过参加安全培训，职工可以及时了解安全生产新知识、企业安全文化动态和规章制度更新变化，以及职业道德和企业安全发展新目标、新任务等内容，有助于更好、更安全地做好本职工作。

二、煤矿安全培训的主要法律依据是什么

对煤矿企业来说，安全培训相关的法律依据主要有以下两个：

一是《安全生产法》第 28 条第一款规定：生产经营单位应当对从业人员进行安全生产教育和培训，保证从业人员具备必要的安全生产知识，熟悉有关的安全生产规章制度和安全操作规程，掌握本岗位的安全操作技能，了解事故应急处理措施，知悉自身在安全生产方面的权利和义务。未经安全生产教育和培训合格的从业人员，不得上岗作业。

二是《煤矿安全培训规定》（国家安全生产监督管理总局令第 92 号）第 4 条第一款规定：煤矿企业是安全培训的责任主体，应当依法对从业人员进行安全生产教育和培训，提高从业人员的安全生产意识和能力。

除了以上两方面的依据外，《矿山安全法》、《劳动法》、职业健康安全法规以及国务院部门规章等，对安全培训也有相关的具体规定和要求。

三、从安全培训的角度来说，煤矿从业人员包含哪几大类人员

从安全培训的角度来说，煤矿从业人员包括四大类，分别是煤矿主要负责人、煤矿安全生产管理人员、煤矿特种作业人员和煤矿其他从业人员。也就是说，煤矿从业人员不是专指某一类人员，而是四类人员的统称。

四、有关安全培训的费用有哪些规定

首先，依据《国务院关于大力发展职业教育的决定》，各类安全培训都是有专项经费的，一般按照企业职工工资总额的 1.5%（不低于）足额提取教育培训经费，并且是专款专用。

其次，用于安全培训的资金，按规定不得低于企业全部职工教育培训经费总额的 40%。

再次，职工参加安全培训是不需要个人承担任何费用的，交通费、住宿费、教材费和误餐费等都由企业承担。

最后，所有安全培训的考试、考核和发证（包括补考、补证）也都是不收取费用的，职工个人不需要承担任何费用。

但在培训管理实践中，也有部分煤矿企业对参加安全培训考核不合格，没有取得证书的学员，规定其培训费用自理，或承担部分费用，以示处罚。

五、职工日常安全教育培训有什么特点，一般要学习哪些内容

职工日常安全教育培训是职工所在区队利用业余时间（班前、班后会）开展的短期自主培训，一般是全员参加，是职工全脱产培训的补充。讲课人员主要是区队主要领导和技术人员等。实践中，很多煤矿企业是通过“三个一”活动（一日一题、一周一案、一月一考）来开展的。按照“按需施教、学以致用”的原则，其学习内容大概有以下五个方面：

① 本单位安全生产规章制度和劳动纪律。

② 本单位生产工作面作业规程和技术措施。

③ 本单位生产设备、设施和作业环境基本情况。

④ 本单位生产现场避灾路线和避灾设施。

⑤ 企业安全文化、职业道德宣传、事故案例警示和形势任务教育等。

六、职工被派外出参加安全培训，应注意哪些事项

按照规定，如果企业自身不具备安全生产培训机构基本条件，那么可以委托其他具备安全生产培训机构基本条件的机构对职工进行安全培训，也就是职工被派外出参加安全培训，包括考试、取证等。在这种情况下，应注意以下事项：

① 要按规定时间去培训机构报到，并提前向本单位相关人员交接好手头工作。

② 按照培训通知的要求，带好必要的学习及办证资料。

③ 注意交通安全和相关安全规定。

④ 按时参加考试和提交需要的个人办证资料。

⑤ 按照规定时间取证或补考，并妥善保管证书。

⑥ 掌握相关证书复审时间，按时参加复审培训。

七、为了建好“一人一档”，职工本人通常需要提供哪些书面材料

按照相关规定，企业会为每一名职工建立专门的安全培训档案，叫作“一人一档”。为了及时和规范建好上述档案，职工自己需要在规定的时间内，按要求向所在单位相关部门提交以下书面材料：

① 安全生产培训登记表，包括文化程度、职务、工作经历和职称、技能等级等情况；

② 身份证、学历证书、职称（技能等级）证书等复印件；

③ 历次接受安全生产培训、考核的情况；

④ 安全生产违规违章行为记录，以及因安全生产被追究责任，受到处分、处理的情况；

⑤ 其他有关情况。

八、职工个人安全生产违规、违章行为为什么要被记录在案

按照“一人一档”的建档要求，企业以文件形式下发的从业人员安全生产违规、违章行为记录应记录在案。实践中，通常将相关处理文件以附件的形式存入相关人员档案。这一做法的目的主要有三个：一是对照处理情形并结合相关规定对该职工的岗位证书资格进行审查；二是吸取教训，提高下一步培训的针对性；三是作为证书到期复验的审核条件之一。

九、怎样理解“持证上岗”规定，落实这项规定时要注意什么

“持证上岗”是安全培训的一项重要制度。在安全生产实践中，主要指煤矿特种作业人员和其他从业人员经专门的安全培训和考核合格后，取得特种作业操作证书或其他从业人员培训合格证明，上岗作业时，要求做到随身携带，并配合对其证书的检查。

落实上述规定时，相关人员应注意以下几点：

① 证书应载明持证人姓名、证书编号、持证人近期照片、操作工种、证书有效时间等。

② 如果携过期证书上岗，一般会按照无证上岗处罚。

③ 持证上岗制度要求现场做到“人证相符”和“岗证相符”（有的省、市要求每位特种作业人员持证不能超过两个）。

④ 相关持证人员一定要在证书有效期内，至少提前60日主动参加

证书复审培训或向单位申请去参加证书复审培训。另外，连续离开岗位6个月以上的特种作业人员需要重新进行专门的考核方可持证上岗。

最后要切记：证书不能转借、不能涂改，更不能持假证或别人的证书上岗。

十、煤矿“其他从业人员”指的是哪些人员，其岗位准入条件(文化程度)是什么

煤矿“其他从业人员”是指除矿山企业主要负责人、安全生产管理人员和特种作业人员以外，从事安全生产活动的其他从业人员，包括使用的被派遣劳动者和外包施工队伍人员等。煤矿“其他从业人员”应当具备初中及以上文化程度。

实际上，在煤矿企业中，“其他从业人员”人数居多、工种居多，流动性大，培训任务重，组织难度大。在安全检查实践中，也经常发现有其他从业人员“漏培”和“先上车后买票”的情况，不具备岗位准入条件，给安全生产埋下隐患。如果发现这类情况，职工有权向有关部门领导反映，因为这显然就是一种违法行为。

十一、煤矿“其他从业人员”安全培训及考试有哪些规定

煤矿“其他从业人员”主要由煤矿企业自主培训、考试(当然也实行教考分离)和发放安全培训合格证明，但相关培训大纲、理论考试题库和实操考试标准按规定由省级安全培训主管部门组织制定和颁布执行。

十二、煤矿“其他从业人员”安全培训要学什么，教学目标是什么

煤矿“其他从业人员”安全培训要学习的内容一般包括“安全技术知识”和“实际操作技能”两大方面。其中“安全技术知识”包括安全基本知识和安全技术基础知识两块。“实际操作技能”一般包括岗位专业操作技能和事故应急处置技能两方面。而随着新修订的《安全生产法》的实施，今后将增加安全心理方面的知识内容。

教学目标是通过以上内容的学习，受训学员应具备必要的安全生产知识、技能和事故应急处置能力，知悉自身在安全生产方面的权利和义务等。

十三、煤矿企业新职工“师带徒”培训有哪些要求和特点

煤矿企业新上岗的井下作业人员经安全培训合格后，应当在有经验的师傅带领下，实习满 4 个月，并取得工人师傅签名的实习合格证明后，方可独立工作。工人师傅一般应当具备中级工以上技能等级，3 年以上相应工作经历和未发生过违章指挥、违章作业等条件。

应该说，“师带徒”是煤矿职工培训的一种行之有效的，并被实践充分证明的特殊培训形式。通过师傅对徒弟的现场“传、帮、带”，而使徒弟能够在较短时间内胜任本职工作。同时，“师带徒”培训也是企业核心技术、技能传承和文化发扬的一条重要途径和手段。

十四、煤矿“其他从业人员”可不可以一人持多证上岗

按规定，煤矿“其他从业人员”必须经企业安全培训部门的安全技术培训并考核合格，取得安全培训合格证(明)后，方可上岗作业，未经培训并取得培训合格证明的，不得上岗作业。

实践中，很多企业出台专门的激励政策，要求职工做到“一专多能”，成为复合型技能人才，那么现场作业过程中必然会出现“一人多证”的情况。那么这种情况是否允许呢？现行的法律、法规并没有禁止一人多证的做法，只要按照有关规定参加培训，并经考核合格，取得培训合格证明即可上岗。其中，如果是新职工则要求有 4 个月的跟师实习期。这样看，煤矿“其他从业人员”一人多证是不违规的，是允许的，也符合企业发展需要，但如果地方政府主管部门有相关持证数量的专门规定，企业应遵照执行。

十五、企业应用新工艺、新技术、新材料、新设备前为什么必须对相关从业人员进行安全培训

首先，企业应用新工艺、新技术、新材料、新设备(简称“四新”)前对相关从业人员进行安全培训是相关法规要求的，必须规范组织。

其次，“四新”项目的推广应用本身都有相关培训安排，使用单位应对照要求及时组织人员参加，这样才能有效保证“四新”项目的有效实施。

最后，在煤矿井下这个特殊的作业环境中，“四新”的应用必然会产生很多新的安全知识点，包括设备、设施和工具等，作为具体应用人员必须了解和掌握。

综上所述，企业应用新工艺、新技术、新材料、新设备前对相关从业人员进行安全培训既重要又必要。

十六、有关安全资格培训的考试(取证)有哪些规定和注意事项

对煤矿普通职工来说,参加的这类培训和考试一般有“特种作业人员”和“其他从业人员”培训取证两种情况。考试分为理论考试和操作技能(实操)考试两部分。两部分考试均达到 80 分及以上,才能算本次取证培训考试合格,不合格的可以补考一次。一般理论考试合格后,才能参加实操考试。理论考试采用国家题库或地方题库(部分),计算机考试,由系统实时、自动评分,考试时间一般为 90 min。实操考试采用相关国家或地方实操考试标准,现场实物或虚拟仿真考试,由系统或实操考评员实时现场评分,考试时间一般每人 30 min。

此外,参加考试的人员必须先参加相关脱产安全培训,达到规定学时才能参加后续考试,并要填写考试申请表,由本人持身份证复印件、学历证书复印件、安全生产无违章证明等材料向考试机构提出申请。这些申请材料,实践中也可以由相关企业或培训机构统一提交给相关考试机构。

十七、煤矿“其他从业人员”的安全培训合格证(明)在其他煤矿能用吗

煤矿“其他从业人员”的安全培训合格证(明)在其他煤矿原则上不能用,因为:

① 不像特种作业人员操作证可以全国有效,目前没有相关法规或文件明确规定“其他从业人员”安全培训合格证(明)的有效适用范围。

② 安全培训合格证(明)是由企业或具备安全生产培训机构基本条件的机构,依据本省安全培训主管部门颁发的培训大纲和标准进行培训和考核的,从这方面来看,相关安全培训合格证(明)应该在相关省内企业有效,但实际上做不到,因为有的省份相关大纲和标准不健全。

③ 实践中,“其他从业人员”安全培训合格证(明)只能在职工所在企业被认可,超出了本企业范围,其他企业包括相关培训主管部门通常都不认可。

所以说,煤矿“其他从业人员”的安全培训合格证(明)目前在其他煤矿并不能通用。

十八、怎么看待自救器实操考试

自救器是煤矿职工入井时必须随身携带的自救装备，能够在特定情况下为人员提供一段时间的氧气。对于自救器的实操考试，培训学员有四个关键点必须注意：

① 实操考试时，因为紧张造成延时，而导致考试不通过应该属于正常情况，因为在紧急情况下使用自救器时都会紧张。

② 实操考试时，学员一是要会正确操作，就是使用要规范，方法和步骤都不能错；二是要会熟练操作，就是佩戴要迅速，不要超时。平时的培训实操练习要围绕这两方面下功夫。

③ 虽然职工在参加培训时，自救器实操考试过关了，但区队平时组织的自救器演练，职工也要好好练，要珍惜每一次动手操作的机会。同时，相关自救器的使用演示视频还应经常去观摩学习，不断强化自身正确操作的意识。

④ 现场佩戴自救器时，要尽量保持良好的心态，要紧张有序，动作平缓，不能太急和慌乱，要牢记相关注意事项并严格按照要求去做。

十九、职工参加安全(资格)培训考核，成绩不合格怎么办

煤矿其他从业人员安全培训考试不合格的学员都会有一次补考机会。考试仍不合格的，相关部门不能颁发安全培训合格证(明)，需重新参加培训。

需要提醒的是，能否重新参加培训，前提是要看近期有没有举办合适的培训班。实践中往往要花时间等通知，这对单位和个人的工作都会造成不同程度的影响。另外，很多企业职工初训费用是由企业全部承担的，并且工资照发，但如果因考核不合格再去补训，职工个人是要承担部分费用的，包括工资也会受到影响。

二十、职工参加安全资格培训，一般需要多长时间

如果是特种作业人员，参加初次安全培训的时间不得少于 90 学时，实践中一般是脱产培训 12 天；参加延期换证专门培训不少于 24 学时，实践中一般是脱产培训 3 天。如果是其他从业人员(包括新入职职工)，参加初次安全培训的时间不得少于 72 学时，实践中一般是脱产培训 9 天，每年再培训的时间不得少于 20 学时，实践中一般是脱产培训 3 天。

二十一、煤矿职工安全培训的权利具体体现在哪些方面

职工参加安全培训的权利具体体现在：① 单位没有安排参加相关培训，有权拒绝入井工作；② 只要按照规定完成培训任务，有权取得培训期间的正常工资和其他待遇；③ 有权报销培训期间发生的各种费用；④ 有权拒绝配合单位或培训机构在各种假培训记录上签字；⑤ 有权查询和取得自己相关培训信息及证书；⑥ 有权向有关部门反映乱培训、假培训等违规培训情况。

二十二、煤矿职工安全培训的义务具体体现在哪些方面

职工参加安全培训的义务具体体现在：① 有义务按照单位通知要求，准时报到参加培训；② 有义务遵守各项培训及考试管理制度；③ 有义务在规定时间内提交符合要求的各种办证资料；④ 有义务配合企业和培训部门建立相关培训档案；⑤ 有义务做到先培训、后上岗和持证上岗；⑥ 有义务妥善保管各种安全培训证书等。

二十三、职工经过专门的安全培训和考试合格，但暂未取得相关安全培训合格证明或操作证书，可以上岗作业吗

不能上岗作业。因为法律法规明确要求，必须取得相关证书后才能上岗，并且要持证上岗。另外，上级部门检查安全培训时，现场主要查验证书情况，如果当事职工没有相关证书信息，肯定会被当成“三违”处理。对于新职工而言，他们即便是取得了安全培训合格证(明)，也还不能独立上岗，要求跟师实习 4 个月以上才能独立作业。以上这个情况，职工非常容易忽视，总认为自己培训过了，考试也过关了，就可以独立上岗作业，这里提醒注意，这种做法是违章行为。

二十四、职工参加安全培训实操考试，应注意哪些事项

第一，职工考试前要带齐准考证、身份证，只有人、证相符才能进入考场，参加考试。第二，煤矿其他从业人员实操考试通常依照实操考核科目依次进行，通常要考 2 个以上的科目。考核内容通常会安排必考科目和选考科目，如自救器和创伤急救科目会在其中选考一个科目，而各工种的设备安全使用或能力水平测评是必考科目。第三，要注意考核成绩和考试顺序。一般实操考核要先考自救器或创伤急救科目，再考必考科目。其中自救器或创伤急救科目 90 分及以上为合格，必考科目80分及以上为合格。如果自救器或创伤急救科目不合格，则不能参加后续的考试。第四，由于实操考试一般采用一对一考试方式，职工考试前一定要调整好心态，考试过程中也不要慌，不要与考评员发生冲突，只要训练充分一般都能通过考试。

二十五、职工在参加安全培训期间，应注意哪些事项

第一，职工参加安全培训通常都是单位安排，带薪学习，所以培训课堂也属于特殊的工作岗位，大家既要严格遵守培训纪律，又要休息好，还要尊敬老师，虚心学习，克服困难，努力完成学习任务。第二，培训期间要积极思考，善于把学习的知识与自己的岗位实际相结合，不要仅仅为了考试，为了取证。第三，要多与培训老师、周围学员交流学习，学不懂的内容可以随时请教，不要有任何面子思想，因为这样的学习机会往往不是太多。第四，要注意交通安全，毕竟培训学校的路况与以往上班不同。第五，要珍惜每一次培训机会，培训期间最好不要请假，除非有特殊情况。第六，要按培训要求填写个人信息资料和提交各种办证材料。

二十六、煤矿从业人员无证上岗作业会受到什么样的处罚

煤矿从业人员无证上岗是典型的“三违”行为。依照《安全生产法》第107条的规定，生产经营单位的从业人员不落实岗位安全责任，不服从管理，违反安全生产规章制度或者操作规程的，由生产经营单位给予批评教育，依照有关规章制度给予处分；构成犯罪的，依照刑法有关规定追究刑事责任。

第二节　煤矿安全生产方针

学习目标

了解我国的安全生产方针。

相关知识

“安全第一、预防为主、综合治理”是开展安全生产管理工作总的指导方针，是长期实践的经验总结。这一方针反映了党和国家对安全生产规律的认识，是企业安全生产工作总的指导思想和行动准则。因此，企业必须认真贯彻落实“安全第一、预防为主、综合治理”的安全生产方针。

(1)“安全第一”的含义。“安全第一”说明的是安全与生产、效益及其他活动的关系，强调在从事生产经营活动中要突出抓好安全，始终不忘把安全工作与其他经济活动同时安排、同时部署，当安全工作与其他活动发生冲突与矛盾时，其他活动要服从安全，决不能以牺牲人的生命、健康、财产为代价换取发展和效益。

(2)“预防为主”的含义。“预防为主”是对“安全第一”思想的深化，就是把安全生产工作的关口前移、重心下移、超前防范，建立预教、预测、预想、预报、预警、预防的递进式、立体式事故隐患预防体系，以隐患排查治理和建设本质安全为目标，实现事故的预先防范体制，改善安全状况，预防事故发生。

(3)“综合治理”的含义。将“综合治理”纳入安全生产方针，标志着对安全生产的认识上升到一个新的高度，是贯彻落实科学发展观的具体体现。秉承“安全发展”的理念，从遵循和适应安全生产的规律出发，综合运用法律、经济、行政等手段，人管、法管、技防等多管齐下，并充分发挥社会、职工、舆论的监督作用，从责任、制度、培训等多方面着力，形成标本兼治、齐抓共管的格局。

(4)“安全第一、预防为主、综合治理”的关系。“安全第一、预防为主、综合治理”是一个完整的体系，是相辅相成、辩证统一的整体。“安全第一”是原则，“预防为主”是手段，“综合治理”是方法。“安全第一”是“预防为主、综合治理”的统帅和灵魂，没有“安全第一”的思想，“预防为主”就失去了思想支撑，“综合治理”就失去了整治依据。“预防为主”是实现“安全第一”的根本途径，只有把安全生产的重点放在建立事故预防体系上，超前采取措施，才能有效防止和减少事故。只有采取“综合治理”，才能实现人、机、物、环境的统一，实现本质安全，真正把“安全第一、预防为主”落到实处。

第三节　煤矿安全生产相关法律法规

学习目标

1. 了解煤矿安全生产法律。
2. 了解煤矿安全生产行政法规及国务院安全生产相关文件。
3. 了解煤矿安全生产规章、细则、行业标准。

相关知识

在我国，以《安全生产法》为龙头，以相关法律、行政法规、部门规章、地方性法规、地方性规章和其他规范性文件以及安全生产国家标准、行业标准为主体的安全生产法律法规体系已经初步形成，而且还在不断健全和完善，促进了安全生产管理工作的规范化、制度化和科学化。煤矿安全生产相关法律法规见表 1-1。

表 1-1　煤矿安全生产相关法律法规

序号	名称		制定机关	主要法律法规
1	法律		全国人民代表大会及其常务委员会	《刑法》《安全生产法》《矿山安全法》《矿产资源法》《煤炭法》《职业病防治法》《劳动法》《劳动合同法》等
2	法规	行政法规	国务院	《煤矿安全生产条例》《安全生产许可证条例》《工伤保险条例》《矿山安全法实施条例》《国务院关于特大安全事故行政责任追究的规定》《生产安全事故报告和调查处理条例》《企业职工伤亡事故报告和处理规定》等
		地方性法规	地方人民代表大会及其常务委员会	《××省安全生产条例》等

表 1-1(续)

序号	名称		制定机关	主要法律法规
3	规章	行政规章	国务院所属部委	《煤矿安全规程》《煤矿救援规程》《爆破安全规程》《安全生产事故隐患排查治理暂行规定》《生产经营单位安全培训规定》《煤矿安全培训规定》《特种作业人员安全技术培训考核管理规定》《煤矿企业安全生产许可证实施办法》《煤矿安全生产基本条件规定》《安全生产违法行为行政处罚办法》等
		地方性规章	地方政府所属部门	《××省煤矿水害防治工作若干规定(试行)》《××省煤炭经营监督管理实施细则》等
4	标准	国家标准(GB)	国务院标准化行政主管部门	《安全色》(GB 2893—2008)、《安全标志及其使用导则》(GB 2894—2008)、《矿山安全标志》(GB/T 14161—2008)等
		行业标准(AQ、MT 等)	国务院有关行政主管部门	《煤矿井工开采通风技术条件》(AQ 1028—2006)、《煤矿井下安全标志》(AQ 1017—2005)等
5	规范性文件			《关于加强煤矿班组安全生产建设的指导意见》《关于加强国有重点煤矿安全基础管理的指导意见》等

一、安全生产法律

1.《安全生产法》

《安全生产法》是为了加强安全生产工作，防止和减少生产安全事故，保障人民群众生命和财产安全，促进经济社会持续健康发展而制定的，自 2002 年 11 月 1 日起施行。根据 2021 年 6 月 10 日第十三届全国人民代表大会常务委员会第二十九次会议通过的《关于修改〈中华人民共和国安全生产法〉的决定》第三次修正，自 2021 年 9 月 1 日起施行。内容包括总则、生产经营单位的安全生产保障、从业人员的安全生产权利义务、安全生产的监督管理、生产安全事故的应急救援与调查处理、法律责任和附则等。

（1）生产经营单位的从业人员有依法获得安全生产保障的权利，并应当依法履行安全生产方面的义务。

（2）国家对在改善安全生产条件、防止生产安全事故、参加抢险救护等方面取得显著成绩的单位和个人，给予奖励。

（3）生产经营单位应当具备该法和有关法律、行政法规和国家标准或者行业标准规定的安全生产条件；不具备安全生产条件的，不得从事生产经营活动。

（4）生产经营单位的全员安全生产责任制应当明确各岗位的责任人员、责任范围和考核标准等内容。生产经营单位应当建立相应的机制，加强对全员安全生产责任制落实情况的监督考核，保证全员安全生产责任制的落实。

（5）矿山、金属冶炼、建筑施工、运输单位和危险物品的生产、经营、储存、装卸单位，应当设置安全生产管理机构或者配备专职安全生产管理人员。

（6）生产经营单位应当对从业人员进行安全生产教育和培训，保证从业人员具备必要的安全生产知识，熟悉有关的安全生产规章制度和安全操作规程，掌握本岗位的安全操作技能，了解事故应急处理措施，知悉自身在安全生产方面的权利和义务。未经安全生产教育和培训合格的从业人员，不得上岗作业。

生产经营单位应当建立安全生产教育和培训档案，如实记录安全生产教育和培训的时间、内容、参加人员以及考核结果等情况。

（7）生产经营单位采用新工艺、新技术、新材料或者使用新设备，必须了解、掌握其安全技术特性，采取有效的安全防护措施，并对从业人员进行专门的安全生产教育和培训。

(8) 国家对严重危及生产安全的工艺、设备实行淘汰制度。生产经营单位不得使用应当淘汰的危及生产安全的工艺、设备。

(9) 生产经营单位对重大危险源应当登记建档，进行定期检测、评估、监控，并制定应急预案，告知从业人员和相关人员在紧急情况下应当采取的应急措施。

(10) 生产经营单位必须为从业人员提供符合国家标准或者行业标准的劳动防护用品，并监督、教育从业人员按照使用规则佩戴、使用。

(11) 生产经营单位必须依法参加工伤保险，为从业人员缴纳保险费。

(12) 生产经营单位与从业人员订立的劳动合同，应当载明有关保障从业人员劳动安全、防止职业危害的事项，以及依法为从业人员办理工伤保险的事项。

生产经营单位不得以任何形式与从业人员订立协议，免除或者减轻其对从业人员因生产安全事故伤亡依法应承担的责任。

(13) 生产经营单位的从业人员有权了解其作业场所和工作岗位存在的危险因素、防范措施及事故应急措施，有权对本单位的安全生产工作提出建议。

(14) 从业人员有权对本单位安全生产工作中存在的问题提出批评、检举、控告；有权拒绝违章指挥和强令冒险作业。

生产经营单位不得因从业人员对本单位安全生产工作提出批评、检举、控告或者拒绝违章指挥、强令冒险作业而降低其工资、福利等待遇或者解除与其订立的劳动合同。

(15) 从业人员发现直接危及人身安全的紧急情况时，有权停止作业或者在采取可能的应急措施后撤离作业场所。

生产经营单位不得因从业人员在前款紧急情况下停止作业或者采取紧急撤离措施而降低其工资、福利等待遇或者解除与其订立的劳动合同。

(16) 生产经营单位发生生产安全事故后，应当及时采取措施救治有关人员。

因生产安全事故受到损害的从业人员，除依法享有工伤保险外，依照有关民事法律尚有获得赔偿的权利的，有权提出赔偿要求。

(17) 从业人员在作业过程中，应当严格落实岗位安全责任，遵守本单位的安全生产规章制度和操作规程，服从管理，正确佩戴和使用劳动防护用品。

(18) 工会有权对建设项目的安全设施与主体工程同时设计、同时施工、同时投入生产和使用进行监督，提出意见。

工会对生产经营单位违反安全生产法律、法规，侵犯从业人员合法权益的行为，有权要求纠正；发现生产经营单位违章指挥、强令冒险作业或者发现事故隐患时，有权提出解决的建议，生产经营单位应当及时研究答复；发现危及从业人员生命安全的情况时，有权向生产经营单位建议组织从业人员撤离危险场所，生产经营单位必须立即作出处理。

工会有权依法参加事故调查，向有关部门提出处理意见，并要求追究有关人员的责任。

(19) 生产经营单位对负有安全生产监督管理职责的部门的监督检查人员依法履行监督检查职责，应当予以配合，不得拒绝、阻挠。

(20) 负有安全生产监督管理职责的部门应当建立举报制度，公开举报电话、信箱或者电子邮件地址等网络举报平台，受理有关安全生产的举报；受理的举报事项经调查核实后，应当形成书面材料；需要落实整改措施的，报经有关负责人签字并督促落实。对不属于本部门职责，需要由其他有关部门进行调查处理的，转交其他有关部门处理。

涉及人员死亡的举报事项，应当由县级以上人民政府组织核查处理。

(21) 生产经营单位发生生产安全事故后，事故现场有关人员应当立即报告本单位负责人。

单位负责人接到事故报告后，应当迅速采取有效措施，组织抢救，防止事故扩大，减少人员伤亡和财产损失，并按照国家有关规定立即如实报告当地负有安全生产监督管理职责的部门，不得隐瞒不报、谎报或者迟报，不得故意破坏事故现场、毁灭有关证据。

2.《劳动法》

《劳动法》是为了保护劳动者的合法权益，调整劳动关系，建立和维护适应社会主义市场经济的劳动制度，促进经济发展和社会进步而制定的，自 1995 年 1 月 1 日起施行。根据 2018 年 12 月 29 日第十三届全国人民代表大会常务委员会第七次会议通过的《关于修改〈中华人民共和国劳动法〉等七部法律的决定》第二次修正。

《劳动法》规定了劳动者享有的基本权利和义务。劳动者享有平等就业和选择职业的权利、取得劳动报酬的权利、休息休假的权利、获得劳动安全卫生保护的权利、接受职业技能培训的权利、享受社会保险和福利的权利、提请劳动争议处理的权利以及法律规定的其他劳动权利。劳动者应当完成劳动任务，提高职业技能，执行劳动安全卫生规程，遵守劳动纪律和职业道德。

国家实行劳动者每日工作时间不超过 8 小时、平均每周工作时间不超过 44 小时的工时制度。用人单位应当保证劳动者每周至少休息一日。劳动者连续工作一年以上的，享受带薪年休假。用人单位与劳动者发生劳动争议，当事人可以依法申请调解、仲裁、提起诉讼，也可以协商解决。

休息日安排劳动者工作又不能安排补休的，支付不低于工资的200%的工资报酬。

《劳动法》规定：禁止用人单位招用未满 16 周岁的未成年人。

3.《劳动合同法》

《劳动合同法》是为了完善劳动合同制度，明确劳动合同双方当事人的权利和义务，保护劳动者的合法权益，构建和发展和谐稳定的劳动关系而制定的，自 2008 年 1 月 1 日起施行。该法修正案于 2012 年 12 月 28 日第十届全国人民代表大会常务委员会第二十八次会议通过，自 2013 年 7 月 1 日起施行。

《劳动合同法》规定，订立劳动合同，应当遵循合法、公平、平等自愿、协商一致、诚实信用的原则。用人单位招用劳动者时，应当如实告知劳动者工作内容、工作条件、工作地点、职业危害、安全生产状况、劳动报酬，以及劳动者要求了解的其他情况；用人单位有权了解劳动者与劳动合同直接相关的基本情况，劳动者应当如实说明。

劳动合同应当具备以下条款：① 用人单位的名称、住所和法定代表人或者主要负责人；② 劳动者的姓名、住址和居民身份证或者其他有效身份证件号码；③ 劳动合同期限；④ 工作内容和工作地点；⑤ 工作时间和休息休假；⑥ 劳动报酬；⑦ 社会保险；⑧ 劳动保护、劳动条件和职业危害防护；⑨ 法律、法规规定应当纳入劳动合同的其他事项。

劳动合同期限 3 个月以上不满 1 年的，试用期不得超过 1 个月；劳动合同期限 1 年以上不满 3 年的，试用期不得超过 2 个月；3 年以上固定期限和无固定期限的劳动合同，试用期不得超过 6 个月。劳动者在试用期的工资不得低于本单位相同岗位最低档工资或者劳动合同约定工资的百分之八十，并不得低于用人单位所在地的最低工资标准。

劳动者拒绝用人单位管理人员违章指挥、强令冒险作业的不视为违反劳动合同。

4.《刑法修正案(十一)》

《刑法》是规定犯罪、刑事责任和刑罚的法律，是追究安全生产违法犯罪行为刑事责任的重要依据。

2020 年 12 月 26 日第十三届全国人民代表大会常务委员会第二十四次会议通过《中华人民共和国刑法修正案(十一)》，自 2021 年 3 月 1 日起施行。其中涉及安全生产的主要内容如下：

“强令他人违章冒险作业，或者明知存在重大事故隐患而不排除，仍冒险组织作业，因而发生重大伤亡事故或者造成其他严重后果的，处五年以下有期徒刑或者拘役；情节特别恶劣的，处五年以上有期徒刑。

“在生产、作业中违反有关安全管理的规定，有下列情形之一，具有发生重大伤亡事故或者其他严重后果的现实危险的，处一年以下有期徒刑、拘役或者管制：

“(一) 关闭、破坏直接关系生产安全的监控、报警、防护、救生设备、设施，或者篡改、隐瞒、销毁其相关数据、信息的；

“(二) 因存在重大事故隐患被依法责令停产停业、停止施工、停止使用有关设备、设施、场所或者立即采取排除危险的整改措施，而拒不执行的；

“（三）涉及安全生产的事项未经依法批准或者许可，擅自从事矿山开采、金属冶炼、建筑施工，以及危险物品生产、经营、储存等高度危险的生产作业活动的。”

5.《职业病防治法》

《职业病防治法》是为了预防、控制和消除职业病危害，防治职业病，保护劳动者健康及其相关权益，促进经济发展而制定的，自2002年5月1日起施行。根据2018年12月29日第十三届全国人民代表大会常务委员会第七次会议通过的《关于修改〈中华人民共和国劳动法〉等七部法律的决定》第四次修正。

《职业病防治法》规定，职业病防治工作坚持预防为主、防治结合的方针，建立用人单位负责、行政机关监管、行业自律、职工参与和社会监管的机制，实行分类管理、综合治理。劳动者依法享有职业卫生保护的权利。

该法所称职业病，是指企业、事业单位和个体经济组织等用人单位的劳动者在职业活动中，因接触粉尘、放射性物质和其他有毒、有害因素而引起的疾病。

6.《煤炭法》

《煤炭法》于1996年8月29日第八届全国人民代表大会常务委员会第二十一次会议通过，自1996年12月1日起施行。2016年11月7日对该法进行了第三次修订，自修订之日起施行。《煤炭法》对劳动者在职业健康保护方面的相关规定有：

（1）煤矿企业必须坚持安全第一、预防为主的安全生产方针，建立健全安全生产的责任制度和群防群治制度。

（2）各级人民政府及其有关部门和煤矿企业必须采取措施加强劳动保护，保障煤矿职工的安全和健康。国家对煤矿井下作业的职工采取特殊保护措施。

（3）煤矿企业应当对职工进行安全生产教育、培训；未经安全生产教育、培训的，不得上岗作业。煤矿企业职工必须遵守有关安全生产的法律、法规、煤炭行业规章、规程和企业规章制度。

（4）在煤矿井下作业中，出现危及职工生命安全并无法排除的紧急情况时，作业现场负责人或者安全管理人员应当立即组织撤离危险现场，并及时报告有关方面负责人。

(5) 煤矿企业必须为职工提供保障安全生产所需的劳动保护用品。

(6) 煤矿企业应当依法为职工参加工伤保险缴纳工伤保险费。鼓励企业为井下作业职工办理意外伤害保险，支付保险费。

7.《矿山安全法》

《矿山安全法》是为了保障矿山生产安全，防止矿山事故，保护矿山职工人身安全，促进采矿业的发展而制定的，于1992年11月7日第七届全国人民代表大会常务委员会第二十八次会议通过，1993年5月1日起施行。2009年8月27日对该法进行了修正，自公布之日起施行。

二、行政法规及国务院安全生产相关文件

1.《中共中央办公厅 国务院办公厅关于进一步加强矿山安全生产工作的意见》

矿山安全生产事关人民群众生命财产安全，事关经济发展和社会稳定大局，是安全生产的重中之重。为深入贯彻党的二十大精神，进一步加强矿山安全生产工作，国家发布了《中共中央办公厅 国务院办公厅关于进一步加强矿山安全生产工作的意见》(以下简称《意见》)。

《意见》就煤矿从业人员安全做了如下规定：

(1) 加快矿山升级改造。推动中小型矿山机械化升级改造和大型矿山自动化、智能化升级改造，加快灾害严重、高海拔等矿山智能化建设，打造一批自动化、智能化标杆矿山。地下矿山应当建立人员位置监测、安全监测监控、通信联络、压风自救和供水施救等系统。

(2) 健全矿山安全管理体系。矿山企业应当健全以安全风险分级管控和隐患排查治理双重预防机制为核心的安全生产标准化管理体系。严格开展风险辨识评估并实施分级管控，定期开展全员全覆盖隐患排查治理，建立风险隐患台账清单，实行闭环管理。

(3) 提升风险监测预警处置能力。地下矿山应当建立应急广播等通信系统，确保应急指令能第一时间传达至影响范围内所有人员。强化灾害性天气预警预报，遇极端天气严禁人员入井。

(4) 强化安全基础管理。矿山企业应当建立健全并落实全员安全生产岗位责任制和安全生产管理制度。未经安全培训合格的从业人员不得上岗作业。首次取证的地下矿山特种作业人员应当具有高中以上文化程度。严格井下劳动定员管理,不得超定员安排人员下井作业,提高井下艰苦岗位津贴。取消井下劳务派遣用工,矿山企业或承包单位对欠薪应依法承担清偿责任。

2.《煤矿安全生产条例》

为了加强煤矿安全生产工作,防止和减少煤矿生产安全事故,保障人民群众生命财产安全,2023 年 12 月 18 日国务院第 21 次常务会议通过了《煤矿安全生产条例》,自 2024 年 5 月 1 日起施行。

《煤矿安全生产条例》就煤矿安全生产做了以下相关规定:

第四条 煤矿企业应当履行安全生产主体责任,加强安全生产管理,建立健全并落实全员安全生产责任制和安全生产规章制度,加大对安全生产资金、物资、技术、人员的投入保障力度,改善安全生产条件,加强安全生产标准化、信息化建设,构建安全风险分级管控和隐患排查治理双重预防机制,健全风险防范化解机制,提高安全生产水平,确保安全生产。

煤矿企业主要负责人(含实际控制人,下同)是本企业安全生产第一责任人,对本企业安全生产工作全面负责。其他负责人对职责范围内的安全生产工作负责。

第十条 煤矿企业从业人员有依法获得安全生产保障的权利,并应当依法履行安全生产方面的义务。

第二十条 煤矿企业从业人员负有下列安全生产职责:

(一) 遵守煤矿企业安全生产规章制度和作业规程、操作规程,严格落实岗位安全责任;

(二) 参加安全生产教育和培训,掌握本职工作所需的安全生产知识,提高安全生产技能,增强事故预防和应急处理能力;

(三) 及时报告发现的事故隐患或者其他不安全因素。

对违章指挥和强令冒险作业的行为,煤矿企业从业人员有权拒绝并向县级以上地方人民政府负有煤矿安全生产监督管理职责的部门、所在地矿山安全监察机构报告。

煤矿企业不得因从业人员拒绝违章指挥或者强令冒险作业而降低其工资、福利等待遇,无正当理由调整工作岗位,或者解除与其订立的劳动合同。

第二十一条 煤矿企业主要负责人和安全生产管理人员应当通过安全生产知识和管理能力考核,并持续保持相应水平和能力。

煤矿企业从业人员经安全生产教育和培训合格,方可上岗作业。煤矿企业特种作业人员应当按照国家有关规定经专门的安全技术培训和考核合格,并取得相应资格。

第二十四条 煤矿企业应当为从业人员提供符合国家标准或者行业标准的劳动防护用品,并监督、教育从业人员按照使用规则佩戴、使用。

煤矿井下作业人员实行安全限员制度。煤矿企业应当依法制定井下工作时间管理制度。煤矿井下工作岗位不得使用劳务派遣用工。

第二十六条 煤矿的采煤、掘进、机电、运输、通风、排水、排土等主要生产系统和防瓦斯、防煤(岩)与瓦斯(二氧化碳)突出、防冲击地压、防火、防治水、防尘、防热害、防滑坡、监控与通讯等安全设施,应当符合煤矿安全规程和国家标准或者行业标准规定的管理和技术要求。

煤矿企业及其有关人员不得关闭、破坏直接关系生产安全的监控、报警、防护、救生设备、设施,或者篡改、隐瞒、销毁其相关数据、信息,不得以任何方式影响其正常使用。

3.《生产安全事故报告和调查处理条例》

《生产安全事故报告和调查处理条例》是为了规范生产安全事故的报告和调查处理,落实生产安全事故责任追究制度,防止和减少生产安全事故而制定的,自 2007 年 6 月 1 日起施行。

该条例将事故划分为特别重大事故、重大事故、较大事故和一般事故 4 个等级。

(1) 特别重大事故,是指造成 30 人以上死亡,或者 100 人以上重伤(包括急性工业中毒,下同),或者 1 亿元以上直接经济损失的事故。

(2) 重大事故,是指造成 10 人以上 30 人以下死亡,或者 50 人以上 100 人以下重伤，或者 5 000 万元以上 1 亿元以下直接经济损失的事故。

(3) 较大事故，是指造成 3 人以上 10 人以下死亡，或者 10 人以上 50 人以下重伤，或者 1 000 万元以上 5 000 万元以下直接经济损失的事故。

(4) 一般事故，是指造成 3 人以下死亡，或者 10 人以下重伤，或者 1 000 万元以下直接经济损失的事故。

注："以上"包括本数，"以下"不包括本数。

事故报告应当及时、准确、完整，任何单位和个人对事故不得迟报、漏报、谎报或者瞒报。事故发生后，事故现场有关人员应当立即向本单位负责人报告；单位负责人接到报告后，应当于 1 小时内向事故发生地县级以上人民政府安全生产监督管理部门和负有安全生产监督管理职责的有关部门报告。

4.《工伤保险条例》

《工伤保险条例》是为了保障因工作遭受事故伤害或者患职业病的职工获得医疗救治和经济补偿，促进工伤预防和职业康复，分散用人单位的工伤风险而制定的，自 2004 年 1 月 1 日起施行，2010 年 12 月 20 日进行了修订，自 2011 年 1 月 1 日起施行。

《工伤保险条例》主要内容包括总则、工伤保险基金、工伤认定、劳动能力鉴定、工伤保险待遇、监督管理、法律责任等。

该条例规定用人单位应当按时缴纳工伤保险费，职工个人不缴纳工伤保险费；职工因工作遭受事故伤害或者患职业病进行治疗，享受工伤医疗待遇；职工因工作遭受事故伤害或者患职业病需要暂停工作接受工伤医疗的，在停工留薪期内，原工资福利待遇不变，由所在单位按月支付；生活不能自理的工伤职工在停工留薪期需要护理的，由所在单位负责。

职工有下列情形之一的，应当认定为工伤：

① 在工作时间和工作场所内，因工作原因受到事故伤害的；

② 工作时间前后在工作场所内，从事与工作有关的预备性或者收尾性工作受到事故伤害的；

③ 在工作时间和工作场所内，因履行工作职责受到暴力等意外伤害的；

④ 患职业病的；

⑤ 因工外出期间，由于工作原因受到伤害或者发生事故下落不明的；

⑥ 在上下班途中，受到非本人主要责任的交通事故或者城市轨道交通、客运轮渡、火车事故伤害的；

⑦ 法律、行政法规规定应当认定为工伤的其他情形。

职工有下列情形之一的，不得认定为工伤或者视同工伤：

① 故意犯罪的；

② 醉酒或者吸毒的；

③ 自残或者自杀的。

5.《国务院关于进一步加强企业安全生产工作的通知》

国务院以国发〔2010〕23 号文件下发了《国务院关于进一步加强企业安全生产工作的通知》。其总体要求是：坚持“安全第一、预防为主、综合治理”的方针，全面加强企业安全管理，健全规章制度，完善安全标准，提高企业技术水平，夯实安全生产基础；坚持依法依规生产经营，切实加强安全监管，强化企业安全生产主体责任落实和责任追究，促进我国安全生产形势实现根本好转。

企业要加强对生产现场监督检查，严格查处违章指挥、违章作业、违反劳动纪律的“三违”行为。凡超能力、超强度、超定员组织生产的，要责令停产停工整顿。要经常性开展安全隐患排查，并切实做到整改措施、责任、资金、时限和预案“五到位”。主要负责人和领导班子成员要轮流现场带班。煤矿、非煤矿山要有矿领导带班并与工人同时下井、同时升井。

煤矿要安装安全避险“六大系统”等技术装备；企业要建立完善安全生产动态监控及预警预报体系，每月进行一次安全生产风险分析；要提高工伤事故死亡职工一次性赔偿标准，依照《工伤保险条例》的规定，对因生产安全事故造成的职工死亡，其一次性工亡补助金标准调整为按全国上一年度城镇居民人均可支配收入的 20 倍计算，发放给工亡职工近亲属。

6.《国务院办公厅关于进一步加强煤矿安全生产工作的意见》

为了深刻汲取事故教训，坚守发展决不能以牺牲人的生命为代价的红线，始终把矿工生命安全放在首位，大力推进煤矿安全治本攻坚，建立健全煤矿安全长效机制，坚决遏制煤矿重特大事故发生，经国务院同意，国务院办公厅以国办发〔2013〕99号文件下发了《国务院办公厅关于进一步加强煤矿安全生产工作的意见》。

该意见指出，煤矿矿长要落实安全生产责任，切实保护矿工生命安全；要保护煤矿工人权益，研究确定煤矿工人小时最低工资标准，提高下井补贴标准，提高煤矿工人收入，严格执行国家法定工时制度，停产整顿煤矿必须按期发放工人工资；煤矿必须依法配备劳动保护用品，定期组织职业健康检查，加强尘肺病防治工作，建设标准化的食堂、澡堂和宿舍；要提高煤矿工人素质，加强煤矿班组安全建设，加快变“招工”为“招生”，强化矿工实际操作技能培训与考核，所有煤矿从业人员必须经考试合格后持证上岗。

7.《关于防范遏制矿山领域重特大生产安全事故的硬措施》(以下简称《硬措施》)

首先，《硬措施》是贯彻落实习近平总书记关于安全生产重要论述的迫切需要。《硬措施》是安全发展理念、“两个至上”、红线意识的细化、深化、具体化，必须坚决守住守牢。其次，《硬措施》是实现高质量发展和高水平安全良性互动的迫切需要。《硬措施》完整、准确、全面贯彻新发展理念，为托住矿山安全生产之底、稳控当前形势提供强力支撑。第三，《硬措施》是推动矿山安全治理模式向事前预防转型的现实需要。《硬措施》突出“防”字，聚焦矿山安全生产“一件事”全链条全方位压实责任，着力推动矿山安全治理模式向事前预防转型。第四，《硬措施》是扭转当前矿山领域重特大事故多发势头的现实需要。

《硬措施》从“八个方面”回答了防范遏制矿山领域重特大生产安全事故要做什么、怎么做、不做怎么办，为扭转当前被动局面指明方向、提供路径、明确方法。八个方面的具体措施是：① 一体压实各级矿山安全生产责任。② 切实提高风险隐患排查整改质量。③ 重拳出击“打非治违”。④ 强化重大灾害治理。⑤ 大力提升从业人员素质。⑥ 严格项目审批和安全生产许可。⑦ 强化矿山安全国家监察督政。⑧ 严格事故调查和警示教育。

三、安全生产规章、细则、行业标准

1.《煤矿安全规程》

《应急管理部关于修改〈煤矿安全规程〉的决定》已经 2021 年 8 月 17 日应急管理部第 27 次部务会议审议通过，自 2022 年 4 月 1 日起施行。《煤矿安全规程》是煤矿企业必须遵守的法定规程，制定目的是保障煤矿安全生产和从业人员的人身安全与健康，防止煤矿事故与职业病危害。

《煤矿安全规程》主要内容包括：总则、地质保障、井工煤矿、露天煤矿、职业病危害防治、应急救援、附则和附录等。

《煤矿安全规程》中的每一项条款都是一起起事故经验的总结。条条规程血染成，不要用血再验证，不能让事故一而再、再而三地重演。因此，通过加深对《煤矿安全规程》的学习和理解，以增强关注安全、关爱生命的责任感，提高遵章指挥、遵章作业、遵守劳动纪律的自觉性，实现矿井本质安全。

第四条 从事煤炭生产与煤矿建设的企业（以下统称煤矿企业）必须遵守国家有关安全生产的法律、法规、规章、规程、标准和技术规范。

煤矿企业必须加强安全生产管理，建立健全各级负责人、各部门、各岗位安全生产与职业病危害防治责任制。

煤矿企业必须建立健全安全生产与职业病危害防治目标管理、投入、奖惩、技术措施审批、培训、办公会议制度，安全检查制度，安全风险分级管控工作制度，事故隐患排查、治理、报告制度，事故报告与责任追究制度等。

煤矿企业必须制定重要设备材料的查验制度，做好检查验收和记录，防爆、阻燃抗静电、保护等安全性能不合格的不得入井使用。

煤矿企业必须建立各种设备、设施检查维修制度，定期进行检查维修，并做好记录。

煤矿必须制定本单位的作业规程和操作规程。

第八条 ……从业人员有权制止违章作业，拒绝违章指挥；当工作地点出现险情时，有权立即停止作业，撤到安全地点；当险情没有得到处理不能保证人身安全时，有权拒绝作业。

从业人员必须遵守煤矿安全生产规章制度、作业规程和操作规程，严禁违章指挥、违章作业。

2.《防治煤与瓦斯突出细则》

为了加强防治煤(岩)与瓦斯(二氧化碳)突出工作，预防煤矿事故，保障从业人员生命安全，国家煤矿安全监察局于 2019 年 7 月 16 日颁布了《防治煤与瓦斯突出细则》，自 2019 年 10 月 1 日起施行。

《防治煤与瓦斯突出细则》主要内容包括：总则、一般规定、区域综合防突措施、局部综合防突措施、防治岩石与二氧化碳(瓦斯)突出措施和附则。

煤与瓦斯突出矿井的所有管理人员以及作业人员都必须认真学习《防治煤与瓦斯突出细则》，只有这样才能实现防突工作过程管理标准化与规范化，从而达到突出煤层消灭瓦斯突出动力现象、突出矿井全面消灭突出事故的高标准防突目标。

第四十一条 突出矿井的管理人员和井下工作人员必须接受防突知识的培训，经考试合格后方可上岗作业。

各类人员的培训达到下列要求：

(1) 突出矿井的井下工作人员的培训包括防突基本知识以及与本岗位相关的防突规章制度。

(2) 突出矿井的区(队)长、班组长和有关职能部门的工作人员应当全面熟悉两个“四位一体”综合防突措施、防突的规章制度等内容。

(3) 突出矿井的防突工属于特种作业人员，必须接受防突知识、操作技能的专门培训，并取得特种作业操作证。

(4) 有突出矿井的煤矿企业技术负责人和突出矿井的矿长、总工程师应当接受防突专项培训，具备突出矿井的安全生产知识和管理能力。

第四十二条 突出矿井的矿长、总工程师、防突机构和安全管理机构负责人、防突工应当满足下列要求：

矿长、总工程师应当具备煤矿相关专业大专及以上学历，具有 3 年以上煤矿相关工作经历；

防突机构和安全管理机构负责人应当具备煤矿相关中专及以上学历，具有 2 年以上煤矿相关工作经历；

防突机构应当配备不少于 2 名专业技术人员，具备煤矿相关专业中专及以上学历；

防突工应当具备初中及以上文化程度（新上岗的煤矿特种作业人员应当具备高中及以上文化程度），具有煤矿相关工作经历，或者具备职业高中、技工学校及中专以上相关专业学历。

3.《煤矿防灭火细则》

为了加强煤矿防灭火工作，有效防控煤矿火灾事故，保障煤矿安全生产及从业人员生命安全和健康，国家矿山安全监察局于 2021 年 10 月 12 日颁布了《煤矿防灭火细则》，自 2022 年 1 月 1 日起施行。

《煤矿防灭火细则》主要内容包括：总则、一般规定、井下火灾监测监控、防火技术、应急处置、井下火区管理、露天煤矿防灭火和附则。

《煤矿防灭火细则》是指导现阶段煤矿防灭火工作的指南，更是《煤矿安全规程》对煤矿防灭火基本要求的延伸与细化，所以我们必须认真学习、领悟精髓、严格落实，这也是每一名煤矿从业人员保证自己生命安全的需要，更是煤矿企业免受火灾威胁与保障健康发展的需要。

第三条　煤矿企业、煤矿的主要负责人（法定代表人、实际控制人）是本单位防灭火工作的第一责任人，总工程师是防灭火工作的技术负责人。

煤矿企业、煤矿应当明确防灭火工作负责部门，建立健全防灭火管理制度和各级岗位责任制度。开采容易自燃和自燃煤层的矿井应当配备满足需要的防灭火专业技术人员。

第五条　开采容易自燃和自燃煤层的矿井，必须建立注浆系统或者注惰性气体防火系统，并建立煤矿自然发火监测系统。

第九条　煤矿企业、煤矿必须对从业人员进行防灭火教育和培训，定期对防灭火专业技术人员进行培训，提高其防灭火工作技能和有效处置火灾的应急能力。

第十一条　鼓励煤矿企业、煤矿和科研单位开展煤矿火灾防治科技攻关，研发、推广新技术、新工艺、新材料、新装备，提高煤矿火灾防治能力和智能化水平。

第三十八条　井下严格实行明火管制，并符合下列规定：

（一）严禁在采掘工作面进行电焊、气割等动火作业。

（二）严禁携带烟草和点火物品，严禁穿化纤衣服入井。

（三）井下严禁使用灯泡取暖和使用电炉。

（四）井下爆破作业时，应当按照矿井瓦斯等级选用煤矿许用炸药和雷管，并严格按施工工艺进行爆破。

（五）井口和井下电气设备必须装设防雷击和防短路的保护装置。

第八十五条　当井下发现自然发火征兆时，必须停止作业，立即采取有效措施处置。在发火征兆不能得到有效控制时，必须撤出人员，封闭危险区域。进行封闭施工作业时，其他区域所有人员必须全部撤出。

第八十九条　任何人发现井下火灾时，应当视火灾性质、灾区通风和瓦斯情况，立即采取一切可能的方法直接灭火，控制火势，并迅速报告矿调度室。矿调度室在接到井下火灾报告后，应当立即按灾害预防和处理计划通知有关人员组织抢救灾区人员和实施灭火工作。

矿值班调度和在现场的区、队、班组长应当依照灾害预防和处理计划的规定，将所有可能受火灾威胁区域中的人员撤离，并组织人员灭火。电气设备着火时，应当首先切断其电源；在切断电源前，必须使用不导电的灭火器材进行灭火。

抢救人员和灭火过程中，必须指定专人检查甲烷、一氧化碳、煤尘以及其他有害气体浓度和风向、风量的变化，并采取防止瓦斯、煤尘爆炸和人员中毒的安全措施。

4.《煤矿防治水细则》

为了加强煤矿防治水工作，防止和减少事故，保障职工生命安全和健康，国家煤矿安全监察局于 2018 年 6 月 4 日颁布了《煤矿防治水细则》，自 2018 年 9 月 1 日起施行。

《煤矿防治水细则》主要内容包括：总则、矿井水文地质类型划分及基础资料、矿井水文地质补充勘探、井下探放水、矿井防治水技术、露天煤矿防治水、水害应急处置、附则。

《煤矿防治水细则》体现了煤矿防治水工作从防治理念到技术与管理的科学性与先进性，是煤矿防治水工作的指南，更是煤矿开展防治水工作的强制性规范，所以煤矿从业人员必须认真学好与用好《煤矿防治水细则》，才能真正使煤矿水患治理工作方法科学、技术先进、措施合理、治理高效。

第五条 煤矿应当根据本单位的水害情况，配备满足工作需要的防治水专业技术人员，配齐专用的探放水设备，建立专门的探放水作业队伍，储备必要的水害抢险救灾设备和物资。

水文地质类型复杂、极复杂的煤矿，还应当设立专门的防治水机构、配备防治水副总工程师。

第六条 煤炭企业、煤矿应当结合本单位实际情况建立健全水害防治岗位责任制、水害防治技术管理制度、水害预测预报制度、水害隐患排查治理制度、探放水制度、重大水患停产撤人制度以及应急处置制度等。

煤矿主要负责人必须赋予调度员、安检员、井下带班人员、班组长等相关人员紧急撤人的权力，发现突水（透水、溃水，下同）征兆、极端天气可能导致淹井等重大险情，立即撤出所有受水患威胁地点的人员，在原因未查清、隐患未排除之前，不得进行任何采掘活动。

第十条 煤炭企业、煤矿应当对井下职工进行防治水知识的教育和培训，对防治水专业人员进行新技术、新方法的再教育，提高防治水工作技能和有效处置水灾的应急能力。

5.《防治煤矿冲击地压细则》

为了加强煤矿冲击地压防治工作，有效预防冲击地压事故，保障煤矿职工安全，国家煤矿安全监察局于 2018 年 5 月 2 日颁布了《防治煤矿冲击地压细则》，自 2018 年 8 月 1 日起施行。

《防治煤矿冲击地压细则》内容主要包括：冲击地压矿井的防冲管理，煤层冲击倾向性的鉴定，开采冲击地压煤层的安全防范及安全保障措施，冲击地压的预测预报，防冲措施的实施，发生冲击地压事故时的应急管理。

《防治煤矿冲击地压细则》，细化了《煤矿安全规程》对煤矿冲击地压防治与防控工作的规定，增强了《煤矿安全规程》的可执行性与操作性，对规范冲击地压矿井的冲击地压防治与防控管理工作具有重大意义。因此，只有全面学习、掌握《防治煤矿冲击地压细则》的相关规定，才能更有效地防治煤矿冲击地压，确保煤矿开采安全。

第八条　冲击地压是指煤矿井巷或工作面周围煤(岩)体由于弹性变形能的瞬时释放而产生的突然、剧烈破坏的动力现象，常伴有煤(岩)体瞬间位移、抛出、巨响及气浪等。

第十八条　有冲击地压矿井的煤矿企业必须明确分管冲击地压防治工作的负责人及业务主管部门，配备相关的业务管理人员。冲击地压矿井必须明确分管冲击地压防治工作的负责人，设立专门的防冲机构，并配备专业防冲技术人员与施工队伍，防冲队伍人数必须满足矿井防冲工作的需要，建立防冲监测系统，配备防冲装备，完善安全设施和管理制度，加强现场管理。

第二十三条　冲击地压矿井必须依据冲击地压防治培训制度，定期对井下相关的作业人员、班组长、技术员、区队长、防冲专业人员与管理人员进行冲击地压防治的教育和培训，保证防冲相关人员具备必要的岗位防冲知识和技能。

6.《煤矿地质工作细则》

为了加强和规范煤矿地质工作，为煤矿安全生产提供地质保障，有效预防煤矿事故，国家矿山安全监察局于 2023 年 12 月 29 日颁布了《煤矿地质工作细则》，自 2024 年 3 月 1 日起施行。

《煤矿地质工作细则》的主要内容包括：总则、煤矿地质类型划分及基础资料、煤矿隐蔽致灾地质因素普查、煤矿地质补充调查与勘探、煤矿地质观测与综合分析、煤矿建设阶段地质工作、煤矿生产阶段地质工作、煤矿闭坑阶段地质工作、煤矿地质数字化工作、附则和附录等。

第四条　煤矿地质工作应当坚持“综合勘查、科学分析、预测预报、保障安全”的原则。

第五条　煤矿地质工作的主要任务包括：

(一) 研究煤矿地层、地质构造、煤层、煤质、瓦斯、水文地质、冲击地压、工程地质和其他开采地质条件等地质特征及其变化规律，开展地质类型划分；

（二）查明影响煤矿安全生产的各种隐蔽致灾地质因素；

（三）进行地质补充调查与勘探、地质观测、资料编录和综合分析，提供煤矿建设和生产各个阶段所需要的地质资料，解决煤矿安全生产中的各种地质问题；

（四）估算和核实煤矿煤炭资源储量以及煤矿瓦斯（煤层气）资源储量，掌握资源储量动态，为合理安排生产提供可靠依据；

（五）调查、研究煤矿含煤地层中共（伴）生矿产的赋存情况和开采利用价值。

7.《煤矿重大事故隐患判定标准》

为了准确认定、及时消除煤矿重大事故隐患，应急管理部于 2020 年 11 月 20 日颁布了《煤矿重大事故隐患判定标准》，自 2021 年 1 月 1 日起施行。

第三条 煤矿重大事故隐患包括下列 15 个方面：

（一）超能力、超强度或者超定员组织生产；

（二）瓦斯超限作业；

（三）煤与瓦斯突出矿井，未依照规定实施防突出措施；

（四）高瓦斯矿井未建立瓦斯抽采系统和监控系统，或者系统不能正常运行；

（五）通风系统不完善、不可靠；

（六）有严重水患，未采取有效措施；

（七）超层越界开采；

（八）有冲击地压危险，未采取有效措施；

（九）自然发火严重，未采取有效措施；

（十）使用明令禁止使用或者淘汰的设备、工艺；

（十一）煤矿没有双回路供电系统；

（十二）新建煤矿边建设边生产，煤矿改扩建期间，在改扩建的区域生产，或者在其他区域的生产超出安全设施设计规定的范围和规模；

（十三）煤矿实行整体承包生产经营后，未重新取得或者及时变更安全生产许可证而从事生产，或者承包方再次转包，以及将井下采掘工作面和井巷维修作业进行劳务承包；

（十四）煤矿改制期间，未明确安全生产责任人和安全管理机构，或者在完成改制后，未重新取得或者变更采矿许可证、安全生产许可证和营业执照；

（十五）其他重大事故隐患。

8.《煤矿安全生产标准化管理体系考核定级办法》和《煤矿安全生产标准化管理体系基本要求及评分方法》（以下简称《煤矿安全生产标准化管理体系》）

为进一步加强煤矿安全生产基础建设，提升煤矿安全保障能力，国家矿山安全监察局组织制定了《煤矿安全生产标准化管理体系》，自2024年11月1日起施行，2020年5月11日印发的《煤矿安全生产标准化管理体系考核定级办法（试行）》和《煤矿安全生产标准化管理体系基本要求及评分方法（试行）》同时废止。

1）《煤矿安全生产标准化管理体系考核定级办法》

（1）《煤矿安全生产标准化管理体系考核定级办法》规定，煤矿安全生产标准化管理体系等级分为一级、二级、三级3个等级，所应达到的要求为：

一级：煤矿安全生产标准化管理体系考核总得分不低于90分，重大灾害防治、专业管理部分评分不低于90分，安全基础管理部分评分不低于85分，且不存在下列情形：

① 发生生产安全死亡事故，自事故发生之日起，一般事故未满1年、较大及重大事故未满2年、特别重大事故未满3年的；

② 安全生产标准化管理体系一级检查考核未通过，自考核定级部门检查之日起未满1年的；

③ 被降级或撤销等级未满1年的；

④ 被列入安全生产严重失信主体名单管理期间的。

二级：煤矿安全生产标准化管理体系考核总得分及各管理部分得分均不低于80分，且不存在下列情形：

① 发生生产安全死亡事故，自事故发生之日起，一般事故未满半

年、较大及重大事故未满1年、特别重大事故未满2年的；

② 被降级或撤销等级未满半年的。

三级：煤矿安全生产标准化管理体系考核总得分及各管理部分得分均不低于70分。

(2)《煤矿安全生产标准化管理体系》等级实行分级考核定级。

申报一级的煤矿由省级煤矿安全生产标准化工作主管部门组织初审，国家矿山安全监察局组织考核定级。申报二级、三级的煤矿，初审和考核定级部门由省级煤矿安全生产标准化工作主管部门确定。

(3)煤矿安全生产标准化管理体系考核定级按照企业自评申报、初审、考核、公示、公告的程序进行。煤矿安全生产标准化管理体系考核定级部门原则上应在收到煤矿企业申请后的60个工作日内完成考核定级。煤矿和各级煤矿安全生产标准化工作主管部门，应通过国家矿山安全监察局"矿山安全生产综合信息系统—安全生产标准化"，以下简称"信息系统")完成申报、初审、考核、公示、公告等各环节工作。未按照规定的程序和信息化方式开展考核定级等工作的，不予公告确认。

2)《煤矿安全生产标准化管理体系基本要求及评分方法》

煤矿是安全生产的责任主体，必须建立健全煤矿安全生产标准化管理体系，通过制定安全生产目标，设置机构，配备人员，建立并落实安全生产责任制和安全管理制度，提升从业人员素质，开展安全风险分级管控、隐患排查治理，聚焦重大灾害防治，抓好各专业管理，不断规范、持续改进安全生产管理，实现安全生产。

《煤矿安全生产标准化管理体系》考核定级执行《煤矿安全生产标准化管理体系基本要求及评分方法》。

《煤矿安全生产标准化管理体系》包括重大灾害防治、安全基础管理和专业管理三个要素。

9.《国家卫生健康委办公厅关于进一步加强用人单位职业健康培训工作的通知》

为贯彻落实《国家职业病防治规划(2021—2025年)》，强化用人单位主体责任，严格落实职业健康培训制度，国家卫生健康委员会办公厅于 2022 年 12 月 13 日发布了《国家卫生健康委办公厅关于进一步加强用人单位职业健康培训工作的通知》。通知对职业健康培训做了如下规定：

(1) 建立健全职业健康培训管理制度。用人单位要建立健全职业病防治宣传教育培训制度，明确职业健康培训工作的管理部门和管理人员，制定职业健康培训年度计划，做好职业健康培训保障，规范职业健康培训档案资料管理。职业健康培训档案应包括年度培训计划，主要负责人、职业健康管理人员和劳动者培训相关记录材料等。记录材料应包括培训时间、培训签到表、培训内容、培训合格材料，以及培训照片与视频材料等。

(2) 按时接受职业健康培训。用人单位主要负责人、职业健康管理人员和劳动者应按时接受职业健康培训。主要负责人和职业健康管理人员应当在任职后 3 个月内接受职业健康培训，初次培训不得少于 16 学时，之后每年接受一次继续教育，继续教育不得少于 8 学时。劳动者上岗前应接受职业健康培训，上岗前培训不得少于 8 学时，之后每年接受一次在岗培训，在岗培训不得少于 4 学时。煤矿新工人上岗前培训内容包括：职业健康相关法律法规、单位职业健康管理制度和操作规程、职业病危害防治基础知识、职业健康管理知识及职业健康相关工作。

(3) 加强职业健康培训组织管理。用人单位应当按照本单位的培训制度以及年度培训计划组织开展劳动者上岗前和在岗期间职业健康培训，提高劳动者职业健康素养和技能。因变更工艺、技术、设备、材料，或者岗位调整导致劳动者接触的职业病危害因素发生变化的，用人单位应当重新对劳动者进行上岗前职业健康培训。用人单位可以自行组织开展劳动者职业健康培训，无培训能力的用人单位也可委托职业健康培训机构组织开展。放射工作人员培训内容及学时根据《放射工作人员职业健康管理办法》等相关规定执行。对主要负责人、职业健康管理人员的培训，用人单位可以根据本单位情况及卫生健康行政部门的要求，聘请相关专家进行培训，或参加职业健康培训机构开展的培训。用人单位应当加强对存在矽尘、石棉粉尘、高毒物品等严重职业病危害因素岗位劳动者的职业健康培训，经培训考核合格后方可安排劳动者上岗作业。

（4）提高职业健康培训实效。用人单位要根据所属行业特点和劳动者接触职业病危害因素情况，合理确定培训内容和培训时间，明确培训方式、培训考核办法和合格标准，满足不同岗位劳动者的培训需求。确保用人单位主要负责人和职业健康管理人员具备与所从事的生产经营活动相适应的职业健康知识和管理能力，劳动者具备职业病防护意识，了解职业病防治法律法规，熟悉相关职业健康知识和职业卫生权利义务，掌握岗位操作规程，能够正确使用职业病防护设施和职业病防护用品。

（5）规范劳务派遣劳动者等人员的职业健康培训工作。使用劳务派遣劳动者的用人单位应当将被派遣劳动者纳入本单位职业健康培训对象统一管理。外包单位应当对劳动者进行必要的职业健康教育和培训。接收在校学生实习的用人单位应当对实习学生进行上岗前职业健康培训，提供必要的职业病防护用品；对实习期超过一年的实习学生进行在岗期间职业健康培训。

第二章　煤矿从业人员安全生产的权利与义务

第一节　煤矿从业人员安全生产的权利

学习目标

了解从业人员安全生产的权利。

相关知识

一、劳动保护和提请劳动争议处理权

职工有要求用人单位保障职工的劳动安全、防治职业病危害的权利。职工与用人单位建立劳动关系时，应当要求订立劳动合同，劳动合同应当载明为职工提供符合国家法律、法规、标准规定的劳动安全卫生条件和必要的劳动防护用品，工作场所存在的职业病危害因素以及有效的防护措施，对从事有毒有害作业的职工定期进行健康检查，依法为职工办理工伤保险等。

当职工的劳动保护权益受到损害时，或者因劳动保护问题与用人单位发生纠纷时，有向有关部门提请劳动争议处理的权利。

二、安全生产知情权

职工有权了解作业场所和工作岗位存在的危险因素、危害后果，以及针对危险因素应采取的防范措施和事故应急措施，用人单位必须向职工如实告知，不得隐瞒和欺骗。如果用人单位没有如实告知，职工有权拒绝工作，用人单位不得因此做出对职工不利的处分。进入工作面前，职工有权要求跟班干部或班长检查工作面，并制定具体安全措施。

三、参与安全生产管理权

职工有权参与本单位安全生产工作的民主管理和民主监督，对本单位的安全生产工作提出意见和建议，对不符合党和国家安全生产方针和法律、法规的规章、制度有权提出修改意见。用人单位应当重视和尊重职工的意见和建议，并及时做出答复。

四、安全生产监督权

职工有权对企业贯彻、执行党和国家安全生产方针的情况，有关安全生产法规及管理制度的执行情况，管理干部行为，作业现场的安全情况，安全技术措施专项费用使用情况进行监督。

五、安全生产教育培训权

职工享有参加安全生产教育培训的权利。用人单位应依法对职工进行安全生产法律、法规、规程及相关标准的教育培训，使职工掌握从事岗位工作所必须具备的安全生产知识和技能。用人单位没有依法对职工进行安全生产教育培训或特种作业人员未取得操作资格证书的，职工有权拒绝上岗作业。

六、职业健康防治权

对于从事接触职业病危害因素或可能导致职业病作业的职工，有权进行职业健康检查并了解检查结果。对于被诊断为患有职业病的职工有依法享受职业病待遇，接受治疗、康复和定期检查的权利。煤矿从业人员离开煤矿企业时，有权索取本人职业健康监护档案复印件，煤矿企业必须如实、无偿提供，并在所提供的复印件上签章。

七、拒绝违章指挥权

违章指挥是指用人单位的有关管理人员违反安全生产法律、法规和有关安全规程、规章制度的规定，指挥从业人员进行作业的行为。强令冒险作业是指用人单位的有关管理人员明知开始或继续作业可能会导致重大危险，却仍然强迫职工进行作业的行为。违章指挥、强令冒险作业违背了“安全第一”的方针，侵犯了职工的合法权益，职工有权拒绝；违章操作，职工有权制止；跟班干部擅离工作岗位，职工有权向有关部门报告。用人单位不得因职工拒绝违章指挥和强令危险作业而打击报复，降低其工资、福利等待遇或解除与其订立的劳动合同。

八、停止作业避险权

职工发现直接危及人身安全的紧急情况时，有权停止作业，或者在采取可能的应急措施后，撤离作业场所。用人单位不得因职工在紧急情况下停止作业或者采取紧急撤离措施而降低其工资、福利待遇或者解除与其订立的劳动合同。但职工在行使这一权利时要慎重，要尽可能正确判断险情危及人身安全的程度。例如，火灾初起阶段很容易扑灭，职工应尽快组织灭火，如火灾扩大无法扑灭，则应立即撤离。

九、工伤保险和民事索赔权

用人单位应当依法为职工办理工伤保险，为职工缴纳工伤保险费。职工因安全生产事故受到伤害，除依法享受工伤保险外，还有权向用人单位提出民事赔偿要求，并且工伤保险和民事赔偿不能互相取代。

十、批评、检举和控告权

职工有权向煤矿企业和煤炭管理部门、工会组织举报违反有关安全生产法律、法规、制度的行为；有权检举违章指挥、违章作业者；有权反映作业现场安全管理情况和不安全因素。职工检举可以署名，也可以不署名；可以用书面形式，也可以用口头形式。但是，职工在行使这一权利时，应注意检举和控告的情况必须真实，要实事求是。用人单位不得因职工行使上述权利而对其进行打击、报复，包括不得因此而降低其工资、福利待遇或者解除与其订立的劳动合同。在进行安全生产监督检查时，职工如果受到打击报复和迫害，有权向上级或政府有关部门、工会组织投诉和控告；有权对忽视安全、玩忽职守造成事故的责任者进行检举；有权对隐瞒事故的单位和责任者提出控告。

第二节　煤矿从业人员安全生产的义务

学习目标

了解从业人员在安全生产中应尽的义务。

相关知识

一、遵守安全生产规章制度和操作规程的义务

职工不仅要严格遵守安全生产有关的法律、法规，还应当遵守用人单位的安全生产规章制度和操作规程，这是职工在安全生产方面的一项法定义务。职工必须增强法纪观念，自觉遵章守纪，从维护国家利益、集体利益以及自身利益出发，把遵章守纪、按章操作落实到具体的工作中。

二、服从安全生产管理的义务

职工要服从煤矿安全检查、安全监察管理；自觉服从安全监督部门、安全监察部门的指挥，自觉配合安全监察人员的工作，协助他们执行公务，并提供真实信息和有关资料。

煤矿企业安全生产管理人员一般具有丰富的安全生产知识和经验。职工服从管理，可以维持生产经营活动的秩序，有效避免或减少生产安全事故的发生。因此，职工应当服从管理，这也是职工在安全生产方面的一项法定义务。当然，职工对于违章指挥、强令冒险作业的行为，有权拒绝。

三、正确佩戴和使用劳动防护用品的义务

劳动防护用品是保障职工在劳动过程中安全与健康的一种防御性装备，不同的劳动防护用品有其特定的佩戴和使用规则，只有正确佩戴和使用，方能真正起到防护作用。用人单位在为职工提供符合国家或行业标准的劳动防护用品后，职工有义务正确佩戴和使用劳动防护用品。

四、发现事故隐患及时报告并参加抢险救灾的义务

职工发现事故隐患和不安全因素后，应及时向现场安全生产管理人员或本单位负责人报告，接到报告的人员应当及时予以处理。一般来说，职工报告得越早，接收报告的人员处理得越早，事故隐患和其他职业危险因素造成的危害就越小。煤矿发生事故后，应急救援部门应积极参与抢救，不能以任何借口逃避抢救工作。

五、接受安全生产培训教育的义务

职工应依法接受安全生产教育和培训，掌握所从事岗位工作所需的安全生产知识，提高安全生产技能，增强事故预防和应急处理能力。特种作业人员和有关法律法规规定须持证上岗的作业人员，必须经培训考核合格，依法取得相应的安全资格证书或培训合格证书后，方可上岗作业。

六、改善工作环境和爱护生产设施、设备的义务

职工在工作中，积极参加技术革新活动，提出合理化建议，不断改善劳动条件和工作环境。

煤矿企业的生产设备及设施是安全生产的保证，职工要自觉维护其正常运转和安全使用，使其发挥保障安全生产的作用。

第三章　煤矿企业规章制度

第一节　煤矿企业有关安全管理规章制度

学习目标

1. 了解煤矿安全管理相关知识。
2. 了解煤矿安全管理规章制度。

相关知识

一、煤矿安全管理

1. 煤矿安全管理的基本概念

(1) 管理是指对管理对象进行计划、组织、指挥、协调和控制的一系列活动。

(2) 煤矿安全管理内容是指煤矿生产建设过程中的全部安全工作及相关的法制、组织、技术措施和管理办法。

(3) 煤矿安全管理涉及多个方面,许多安全管理工作是在计划管理、经营管理、劳动管理、生产管理、技术管理、设备管理、质量管理、财务管理等工作中进行的。所以,煤矿安全管理必须是职工作业的岗位保安制、职能部门的业务保安制、专业部门的安全职责制和各级领导的安全责任制的结合,多方面相辅相成,同时加大力度,才能取得更好的效果。

2. 煤矿安全管理现状

从目前煤矿职工现状来看,大多数职工文化程度不高。虽说对这些职工开展了一定的培训，但由于这部分人文化基础差，接受能力有限，导致培训效果不够理想，煤矿职工的整体素质较差，期望通过加强职工学习，来提升职工的安全素质和操作技能，以确保矿井安全生产。

3. 煤矿安全管理的性质

安全管理作为一种有目的、有组织的管理办法，可以确定职工工作范围，具有特殊属性。职工了解这些特殊属性，可更好地掌握安全管理的规律和方法，不断提高安全生产管理水平。

4. 煤矿安全管理的目的和任务

(1) 安全管理的目的是提高各种灾害预防水平，消除和控制生产过程中的隐患和危险，防止事故发生，最大限度地降低事故损失，推动企业生产活动的正常进行。

(2) 安全管理的任务是在贯彻执行国家安全生产法律法规、方针政策的前提下，分析、研究、评价企业生产过程中的各种不安全因素，从组织、技术、管理、培训等方面采取措施，消除和控制危险源，预防事故发生或最大限度地降低事故损失程度，为企业安全生产和经营目标的实现提供保障。

二、煤矿安全管理规章制度

1. 安全责任制度

《煤矿安全规程》规定：煤矿企业必须加强安全生产管理，建立健全各级负责人、各部门、各岗位安全生产与职业病危害防治责任制。

2. 安全生产奖惩制度

为了贯彻"有法必依、执法必严、违法必究"的方针，严肃法纪，严明惩罚，创造一个遵章守纪光荣、违章乱纪可耻的氛围环境，就必须建立明确的安全生产奖惩制度。

(1) 生产奖惩

生产奖惩的作用是增强企业职工的责任感，激发职工的积极性和创造性，维护正常工作秩序和生产秩序，提高劳动生产率和工作效率，促进企业自身建设和良性发展。

(2) 惩罚制度

对下列人员应予以惩罚：

① 不遵守劳动时间和单位的作息制度，无故旷工、迟到、早退。

② 不坚守工作岗位，不服从分配和管理，消极怠工和玩忽职守。

③ 在工作时间内，不遵守生产和工作秩序，做与生产和工作无关的事情，东走西窜、嬉戏打闹及斗殴等。

④ 违反《煤矿安全规程》、操作规程与作业规程，造成事故，损失严重。

⑤ 无正当理由不服从分配。

3. 安全检查制度

(1) 随着生产建设的发展，新技术、新工艺、新设备、新材料不断涌现，安全生产管理会出现跟不上新的发展要求、与工作不相适应的情况，以至于在生产过程中老的隐患消除了，而新的危险因素又出现了等，这就需要我们及时发现和解决这些问题。

(2) 只有通过各种形式的安全大检查，不断发现生产过程中的不安全因素(人的不安全行为、物的不安全状态、环境的不安全条件、管理上的缺陷)，不断采取针对性措施消除不安全因素，才能保证生产建设安全地进行。

4. 安全培训制度

(1) 未经培训合格不得上岗作业。

《安全生产法》规定："未经安全生产教育和培训合格的从业人员，不得上岗作业。"

(2) 职工的安全技术培训，主要包括下列内容：

① 领导干部、工人都必须学习有关安全生产的方针政策、法规和有关的安全规定等。

② 领导干部必须学习安全技术理论知识，矿井灾害发生规律、预防措施和处理方法。

③ 工人必须学习矿井安全基础知识，熟悉事故发生预兆；学习事故预防和应急措施；学习本工种的操作规程及有关设备、仪器、仪表的操作和排除故障的方法。

④ 领导干部、工人都必须学习和掌握井下自救、互救和创伤急救的基本知识。

(3) 安全培训的作用及要求:从业人员应当接受安全生产教育和培训,这是法定义务。安全技术培训是搞好安全生产的重要途径。

5. 安全信息管理

(1) 信息的概念

信息是客观存在的一切事物通过载体所发出的消息、情报、指令、数据、信号等一切可传递和交换的知识内容。

(2) 安全信息

安全信息就是在生产中与安全有关的信息集合。在安全管理中所用到的主要是安全信息。作为客观现象的一个方面,安全信息对于安全管理、危险分析、事故预测等都是必不可少的依据。

(3) 安全信息管理

安全信息管理是为了有效地进行决策和控制,对大量有关资料进行收集、整理、分析和处理,使之成为有价值的信息,并传递给需要者的过程。

(4) 煤矿安全信息管理系统

煤矿安全信息管理系统就是对煤矿安全信息进行收集、整理、统计、计算、分析,并传递给操作者、管理者和决策者,以便进行安全管理和安全决策,保证煤矿生产安全的系统。

6. 安全信息管理机构

要建立安全信息管理系统必须建立相应的机构,以保证信息的正常运行。

(1) 建立安全信息管理机构。企业专门设立安全信息管理机构,设专人管理安全信息(信息员),负责安全信息的收集、筛选、处理、储存、传递、反馈等信息管理工作。

(2) 建立信息运行系统。安全信息管理系统信息的运行是十分重要的。

(3) 计算机在安全信息管理中的应用:

① 计算机用于数据储存及检索;

② 计算机用于系统安全分析;

③ 计算机用于数据处理。

(4) 对于安全管理工作,就需要掌握的数据而言,应当包括下列各项内容：

① 伤亡事故档案；

② 安全管理组织体系；

③ 要害部位、要害设备安全状况档案；

④ 职工安全教育档案；

⑤ 安全检查情况和结果；

⑥ 现场隐患情况；

⑦ 历年来安全技术措施和完成情况；

⑧ 特种作业人员安全培训档案；

⑨ 工业卫生监测记录；

⑩ 安全监测记录；

⑪ 从事有毒有害作业职工的体检档案。

7. 煤矿安全目标管理

安全目标管理是根据上级部门的要求，将本单位一定时期的安全工作任务转化为明确的安全目标，并将目标分解到本单位的各个部门和个人，然后各个部门和个人严格、自觉地按照给定目标，充分调动其积极性，进行系统、动态的安全管理。

安全目标管理应包括以下内容：

(1) 安全目标管理的作用。

(2) 安全目标管理的程序。

(3) 安全目标管理的制定。

(4) 安全总体目标的展开。

(5) 安全目标管理的实施。

(6) 目标成果的考核和评价。

第二节　煤矿企业的奖罚办法

学习目标

1. 了解煤矿企业的奖罚办法适用范围和原则。

2. 了解煤矿企业的奖惩种类和运用规则。

3. 了解奖励细则。

4. 了解惩戒细则。

5. 了解违反生产经营管理规定的行为。

相关知识

一、煤矿企业的奖罚办法适用范围和原则

(1) 奖罚办法适用于煤矿企业及所属单位所有员工。

(2) 对于员工违反国家法律法规和集团公司规章制度的,依照奖罚办法处理。国家和上级机关另有规定的,从其规定。涉嫌犯罪的,移送司法机关处理。

(3) 奖惩工作的基本原则:

① 公开、公平、公正;

② 实事求是、依法依规;

③ 精神奖励与物质奖励相结合;

④ 惩前毖后、治病救人。

(4) 对违规违纪员工的惩戒,依据惩戒办法,按照"谁管辖、谁处理"的原则处理。惩戒结果由组织人事部门记入员工档案。

二、煤矿企业的奖惩种类和运用规则

(1) 奖励分为荣誉奖励和物质奖励,其中荣誉奖励由低到高依次为通报表彰、授荣誉称号、特殊贡献奖和杰出贡献奖 4 种。荣誉奖励和物质奖励可同时运用。

(2) 惩戒包括组织处理、纪律处分和经济处罚。

① 组织处理包括通报批评、取消荣誉(政治)待遇、调离岗位、责令辞职、职务禁入和免职等;

② 纪律处分由轻到重依次分为警告、记过、记大过、降级(降职)、撤职、留用察看及解除劳动合同等;

③ 经济处罚为扣减薪酬;

④ 组织处理、纪律处分和经济处罚可同时运用。

(3) 处分期间指自做出处分决定之日起至解除处分之日止的时间

区间。分别为：

① 警告 6 个月；

② 记过、记大过、降级(降职)12 个月；

③ 撤职、留用察看 24 个月。

(4) 受到处分(解除劳动合同除外)的员工，在处分期间有悔改表现，并且没有再发生违规违纪行为，处分期满后，处分自动解除。若员工在处分期间有重大立功行为或受到政府有关部门、集团公司表彰，原处分批准单位或上级单位可做出提前解除处分的决定。

(5) 受处分员工对处分决定不服的，可自收到处分决定之日起 30 日内向上一级纪检监察部门或人事部门提出申诉，也可提请劳动仲裁。上一级纪检监察部门、人事部门应当按照有关规定予以受理。在上一级受理部门未做出改变原处分的决定以前，仍按照原处分决定执行。

(6) 对员工给予解除劳动合同处分的，应征求工会意见。工会可依法为受处分员工提出申诉或劳动仲裁。

(7) 需同时追究受处分员工党纪责任的，由其所在党组织根据《中国共产党纪律处分条例》等规定做出处理。

三、奖励细则(示例)

员工有下列情形之一的，经评选或研究决定可给予"通报表彰"奖励：

(1) 工作积极、忠于职守、遵纪守法、文明礼貌、模范执行各项规章制度者。

(2) 工作努力、业务熟练，能圆满完成重大或特殊任务者。

(3) 认真勤奋，承办、执行、督导工作得力者或经常超额完成任务、全年绩效考核成绩优秀者。

(4) 策划、承办、执行重要事务成绩明显者。

(5) 品行端正，恪尽职守，为广大员工传颂者。

(6) 在艰苦条件下努力工作，树立为楷模者。

(7) 有善行佳话(拾金不昧、尊老爱幼等)，为企业赢得荣誉者。

(8) 对工作流程或管理制度经常提出合理化建议，多次被采纳者。

(9) 积极研究改进工作方法，提高工作效率或降低成本确有成效者。

(10) 见义勇为，敢于抵制各种违规违纪等不良行为者；在平安建设、治安防控、消防管理等方面成绩突出者；对损害公司利益和声誉等各种违纪行为勇于举报者。

(11) 积极维护企业利益和荣誉，保护公共财产，减少或避免损失500万元以内者。

(12) 认真完成本职工作，在紧急抢险、救灾、抢修等单项工作中表现突出者。

(13) 发现职责外险情，予以速报或妥善处理避免损失扩大者。

(14) 采取有效措施，防止事故发生和挽回经济损失500万元以内，确保企业人员、财产安全者。

(15) 合理化建议被采纳，在应用中产生经济效益500万元以内者。

(16) 集团公司认为需要“通报表彰”的其他情形。

四、惩戒细则(示例)

员工有下列情形之一的，企业可按规定单方面解除劳动合同：

(1) 在试用期间被证明不符合录用条件者。

① 应聘时提供虚假或伪造的离职证明、身份证明、学历证明、工作经历、体检证书或婚姻、生育证明证件者。

② 应聘前患有精神疾病、传染疾病及其他严重影响工作的疾病而未声明者。

③ 应聘前曾被依法追究刑事责任或劳动教养而在应聘时未声明者。

④ 试用期间因健康原因或其他个人原因不能保证正常工作者。

⑤ 试用期违反劳动纪律或企业规章制度情节严重者。

⑥ 岗前培训考核不合格者。

⑦ 试用期内达不到职位说明书规定的工作标准或定额要求者。

⑧ 其他不符合试用期录用条件的情况。

(2) 严重违反公司规章制度者。

① 参与打架斗殴、恐吓、偷窃、黄、赌、毒等违法行为或有其他严重

危害正常工作秩序的行为者。

② 不服从管理，辱骂、殴打管理人员，或对管理人员进行打击报复者。

③ 1年内出现违章、违纪现象累计达3次以上者；或擅自离岗、脱岗、误岗引发事故者。

④ 违反治安防控措施，引发各类案件及火灾事故者。

⑤ 行为不端，损害企业声誉、名誉，造成严重后果者。

⑥ 由于个人原因违反规定无证上岗或岗证不一，造成严重后果者。

⑦ 连续旷工时间超过15天，或者1年以内累计旷工时间超过30天者。

⑧ 试用期满后，发现在应聘过程中提供的资料信息弄虚作假、隐瞒事实影响竞聘结果者。

⑨ 工作时间打牌、打麻将、玩游戏、炒股等从事与工作无关的事情1年内累计3次以上者。

⑩ 集团公司根据工作需要合理调整员工岗位，升降员工工资时，拒不服从调动、分配安排者，在受处分期间发生违反劳动纪律和工作纪律行为，情节较重者。有其他严重违反公司规章制度的行为者。

(3) 严重失职，营私舞弊，给企业造成重大损失者。

① 严重失职、渎职，利用工作之便营私舞弊者。

② 贪污腐化、收受贿赂、挪用公款，数额达2 000元以上者。

③ 擅自离岗、私自换岗或有其他玩忽职守的行为，造成责任事故或其他严重后果者。

④ 工作中无正当理由拒不服从指挥者。

⑤ 不遵守安全操作规程，造成严重责任事故者；或阻碍正常的工作调查，隐瞒真相甚至破坏现场者。

⑥ 偷窃企业设备、原材料、产品或其他财产，或间接为盗窃行为提供信息者；蓄意破坏企业的财物，损坏设备、工具、计算机信息系统，浪费原材料、能源，一次造成2 000元以上经济损失者。

⑦ 违反保密规定，泄露企业商业秘密者。

⑧ 其他严重失职、营私舞弊，给公司造成重大损失的行为者。

(4) 有其他严重违规违纪行为者。

① 涂改报销单据或骗报差旅费超过 2 000 元者。

② 虚报人事资料或隐瞒重大传染性疾病者。

③ 冒用他人笔迹签发、伪造文件、资料，给企业造成严重不良影响或重大经济损失者。

④ 盗用企业名誉对外活动，严重损坏企业形象、影响企业管理或者给企业造成重大损失者。

⑤ 在企业内外散布谣传、恶意中伤企业或企业领导形象，使企业蒙受损失者。

⑥ 与其他用人单位建立劳动关系或提供服务者。

⑦ 因违法犯罪被劳动教养或承担刑事责任者。

五、违反生产经营管理规定的行为(示例)

(1) 在生产经营活动中，有下列行为之一，但尚不构成生产安全事故的，对有关责任人员给予警告、记过、记大过处分；情节较重的，给予降级(降职)、撤职处分；情节严重的，给予留用察看、解除劳动合同处分：

① 违规操作、违章作业、违章指挥，或者不按照技术标准、安全、质量、健康及环保要求进行生产经营，造成重大事故隐患的；

② 工作不负责任，致使企业财产被非法侵吞、盗窃、诈骗、丢失、损坏、变质、浪费或给企业造成其他损失的；

③ 在组织生产经营活动时，缺乏周密策划和布置，对可能发生的问题未采取有效措施加以防范，造成重大事故隐患的；

④ 拒不接受合理化意见，不服从主管人员管理的；

⑤ 对可能造成重大人身伤亡或设备事故的隐患、险情，未及时采取措施或采取措施不力的；

(2) 在生产经营活动中，违反国家和企业生产安全相关规定，导致人员伤亡或造成直接经济损失，构成较大生产安全事故，对有关责任人员按以下规定进行处分：

① 对直接责任者给予撤职(停职)处分；情节严重的，给予留用察

看、解除劳动合同处分。

② 对次要责任者给予记过、记大过处分；情节严重的，给予降级（降职）、撤职处分。

③ 对直接责任者所在部门负责人给予记过、记大过处分；情节严重的，给予降级（降职）、撤职处分。

④ 对事故责任单位行政正职和分管副职，给予记过、记大过、降级（降职）、撤职处分。

⑤ 对事故单位上一级行政正职和分管副职，给予警告、记过、记大过、降级（降职）处分。

（3）在生产经营活动中，违反国家和企业生产安全相关规定，导致直接经济损失，构成一般生产安全事故，对有关责任人员按以下规定进行处分：

① 对直接责任者给予记过、记大过处分；情节严重的，给予撤职（停职）处分。

② 对次要责任者给予警告、记过、记大过处分；情节严重的，给予降级处分。

③ 对直接责任者所在部门负责人给予警告、记过处分；情节严重的，给予记大过、降级（降职）处分。

④ 对事故责任单位行政正职和分管副职，给予警告、记过、记大过处分。

第四章　劳动合同与劳动保护

第一节　劳动安全卫生制度

学习目标

1. 了解劳动保护的概念。
2. 了解劳动安全卫生制度。

相关知识

一、劳动保护的概念

劳动保护是国家和单位为保护劳动者在劳动生产过程中的安全和健康所采取的立法、组织和技术措施的总称，是指根据国家法律、法规，依靠技术进步和科学管理，采取组织措施和技术措施，消除危及人身安全健康的不良条件和行为，防止事故和职业病，保护劳动者在劳动过程中的安全与健康。

其目的是为劳动者创造安全、卫生、舒适的劳动工作条件，消除和预防劳动生产过程中可能发生的伤亡、职业病和急性职业中毒，保障劳动者以健康的状态参加社会生产，促进劳动生产率的提高，保证社会主义现代化建设顺利进行。

二、劳动安全卫生制度

劳动安全卫生保护的内容十分广泛，不同行业有着不同的特点，《劳动法》在第六章规定了劳动安全卫生制度的基本内容：

(1) 用人单位必须建立、健全劳动安全卫生制度，严格执行国家劳动安全卫生规程和标准,对劳动者进行劳动安全卫生教育,防止劳动过程中的事故,减少职业危害。

(2) 劳动安全卫生设施必须符合国家规定的标准。新建、改建、扩建工程的劳动安全卫生设施与主体工程同时设计、同时施工、同时投入生产和使用。

(3) 用人单位必须为劳动者提供符合国家规定的劳动安全卫生条件和必要的劳动防护用品,对从事有职业危害作业的劳动者应当定期进行健康检查。

(4) 从事特种作业的劳动者必须经过专门培训并取得特种作业资格。

(5) 劳动者在劳动过程中必须严格遵守安全操作规程。劳动者对用人单位管理人员违章指挥、强令冒险作业,有权拒绝执行;对危害生命安全和身体健康的行为,有权提出批评、检举和控告。

(6) 国家建立伤亡事故和职业病统计报告和处理制度。县级以上各级人民政府劳动行政部门、有关部门和用人单位应当依法对劳动者在劳动过程中发生的伤亡事故和劳动者的职业病状况,进行统计、报告和处理。

第二节　特殊劳动保护制度

学习目标

1. 了解特殊劳动保护的基本内容。
2. 了解劳动卫生保护基本内容。

相关知识

一、基本内容

(1) 国家对女职工和未成年工实行特殊劳动保护。未成年工是指年满16周岁未满18周岁的劳动者。

(2) 禁止安排女职工从事矿山井下、国家规定的第四级体力劳动强度的劳动和其他禁忌从事的劳动。

(3) 不得安排女职工在经期从事高处、低温、冷水作业和国家规定的第三级体力劳动强度的劳动。

(4) 不得安排女职工在怀孕期间从事国家规定的第三级体力劳动强度的劳动和孕期禁忌从事的劳动。对怀孕7个月以上的女职工，不得安排其延长工作时间和夜班劳动。

(5) 女职工生育享受不少于98天的产假。

(6) 不得安排女职工在哺乳未满一周岁的婴儿期间从事国家规定的第三级体力劳动强度的劳动和哺乳期禁忌从事的其他劳动，不得安排其延长工作时间和夜班劳动。

(7) 不得安排未成年工从事矿山井下、有毒有害、国家规定的第四级体力劳动强度的劳动和其他禁忌从事的劳动。

(8) 用人单位应当对未成年工定期进行健康检查。

二、劳动卫生保护

为了保护劳动者在劳动生产过程中的身体健康，避免有毒、有害物质的危害，防止职业中毒和职业病，我国制定了有关劳动卫生方面的法律、法规，如《劳动法》《环境保护法》《工厂安全卫生规程》《国务院关于加强防尘防毒工作的决定》《国务院关于防止厂、矿企业中矽尘危害的决定》《工业企业设计卫生标准》《工业企业噪声卫生标准》《防暑降温措施暂行办法》《尘肺病防治条例》等。这些法律、法规都制定了相应的劳动卫生规程，主要包括以下内容：

(1) 防止粉尘危害。

(2) 防止有毒、有害物质的危害。

(3) 防止噪声和强光的刺激。

(4) 防暑降温和防冻取暖。

(5) 通风和照明。

(6) 个人保护用品的供给。

企业必须达到这些劳动卫生规程规定的劳动卫生标准，才能切实保护劳动者的身体健康。

第三节 工作时间和休息休假制度

学习目标

了解工作时间和休息休假制度。

相关知识

(1) 国家实行劳动者每日工作时间不超过 8 小时、平均每周工作时间不超过 44 小时的工时制度。

(2) 对实行计件工作的劳动者,用人单位应当根据上一条规定的工时制度合理确定其劳动定额和计件报酬标准。

(3) 用人单位应当保证劳动者每周至少休息 1 日。

(4) 企业因生产特点不能实行上述规定的,经劳动行政部门批准,可以实行其他工作和休息办法。

(5) 用人单位在下列节日期间应当依法安排劳动者休假:元旦、春节、国际劳动节、国庆节及法律、法规规定的其他休假节日。

(6) 用人单位由于生产经营需要,经与工会和劳动者协商后可以延长工作时间,一般每日不得超过 1 小时;因特殊原因需要延长工作时间的,在保障劳动者身体健康的条件下延长工作时间,每日不得超过 3 小时,但是每月不得超过 36 小时。

(7) 有下列情形之一的,延长工作时间不受上一条的限制:

① 发生自然灾害、事故或者因其他原因,威胁劳动者生命健康和财产安全,需要紧急处理的;

② 生产设备、交通运输线路、公共设施发生故障,影响生产和公众利益,必须及时抢修的;

③ 法律、行政法规规定的其他情形。

(8) 用人单位不得违反《劳动法》规定延长劳动者的工作时间。

(9) 有下列情形之一的,用人单位应当按照下列标准支付高于劳动者正常工作时间工资的工资报酬：

① 安排劳动者延长工作时间的，支付不低于工资的百分之一百五十的工资报酬；

② 休息日安排劳动者工作又不能安排补休的，支付不低于工资的百分之二百的工资报酬；

③ 法定休假日安排劳动者工作的，支付不低于工资的百分之三百的工资报酬。

(10) 国家实行带薪年休假制度。

劳动者连续工作 1 年以上的，享受带薪年休假。具体办法由国务院规定。

第五章　职业道德

第一节　职业道德概述

学习目标

了解职业道德的内涵。

相关知识

首先从“职业道德修养”的字面意思上来探讨这六个字的含意。“职业”是指个人在社会中所从事的作为主要生活来源的工作。也就是说一个人要想生存就得工作，通过工作来换取生存下去的条件。“道德”是社会意识形态之一，是人们共同生活及其行为准则和规范。“道德”通过人们的自律或通过一定的舆论对社会生活起约束作用，“职业道德”就是人们在一起工作学习的一种准则和规范。“职业道德”后面为什么要加“修养”二字呢？“修养”是一个相当广泛的概念，从广义上说“修养”是指人们在政治、思想、道德品质、科学技术、知识技能等方面所进行的勤奋学习和提升涵养的功夫，以及经过努力和培养所达到的水平。“修养”涉及人生的方方面面，并与人生共始终。无论何人，无论从事何种职业，担任何种工作职务，也无论处在哪种境遇或者哪个年龄段，都需要和“修养”结缘。少有所学、老有所成，增长知识、才干、阅历，辨别善恶、是非、美丑，乃至修正错误等，都离不开“修养”。

把职业道德修养和安全生产联系到一起，是因为职业道德是工作学习的一种准则规范，就安全生产在企业文化中的主导地位来说，也是一种安全生产准则，这也是企业经营机制的基础和重要组成部分。企业职工需要增强职业道德的自我修炼，否则会导致规章制度和安全措施得不到有效执行，致使其安全意识淡薄，违章指挥、违章作业甚至蛮干，以致出现伤亡或误操作事故。

因此，职业道德就是通过职工学习来增强其责任感、使命感，用企业安全准则来约束自己，用安全规程来规范安全生产工作。企业职工通过自身修炼增加知识和安全生产阅历，把安全生产这棵大树的树根深深扎到思想中去，牢固树立安全生产重于泰山的理念。

职业道德修养的范畴有：

(1) 职工政治思想规范。

(2) 敬业规范。

(3) 勤业规范。

(4) 安全规范。

(5) 作风规范。

(6) 言行、品质规范。

职工应遵循公民高尚道德标准和行为准则，树立起优秀的责任感；为社会和企业的和谐承担责任，为社会和企业的安全承担责任，为社会和企业的发展承担责任；发扬顾全大局、诚实守信、互助友爱、扶危济困的精神。

职业道德不仅是个人行为，也是代表着企业文化对外的一扇窗口，是文化氛围的展现，职工优秀的道德修养也就是一个企业的无形资产。强化职业道德，造就良好的行为风尚，将对企业风貌产生积极的影响。职业道德和法律的区别在于法律是国家制度的一种强制力，用强制力来制约行为达到规范行为的目的，而职业道德是通过自身修炼学习，自觉遵循行为规范。

法律体现国家制度的强制力，职业道德体现个人思想对行为的支配力。法律是国家制度强制力的导航仪，一旦迷失航线就失去了公民权利的底线；道德行为是个人通过学习知识、增长阅历来辨别善恶是非，从思想上认识什么能做，什么不能做。只有提高职业道德修养，才能清楚是非善恶，才能通过自身修炼建立起思想堡垒，拥有自控能力。

有了高尚的职业道德情操，自然就有了爱岗敬业的思想，从而热爱本职工作，刻苦钻研工作技术；有了工作热情就会全身心地投入创新、完善技术、提高技能，有力地保障安全生产，把安全生产隐患降到最低点。

第二节　职业道德与安全

学习目标

1. 了解煤矿安全生产的难点。
2. 了解职业道德的特点和作用。
3. 了解煤矿工人职业道德涵盖的内容及其作用。
4. 了解弘扬煤矿工人职业道德的基本方略。

相关知识

只有大力推进煤炭行业职业道德建设工程，大力弘扬煤矿工人职业道德，才能使煤矿工人树立高尚的职业道德，并自觉遵守、维护所应遵循的安全职责；才能改变“井下违规无处不在，无时不有”的现象，实现安全生产。

一、煤矿安全生产的难点

对全国生产安全事故原因进行分析表明，95%以上的事故是由违章导致的。这无疑为我们敲响了警钟，我们务必要高度重视和警觉。在加强企业安全管理的同时，大力弘扬煤矿工人职业道德，以引导、激励、约束、规范煤矿工人的职业行为，促进安全生产。

煤矿工人职业道德意识缺失，主要表现在以下五个方面：一是对工作不热心，工作态度不端正，工作没有责任心；二是不严格遵守井下《煤矿安全规程》、煤矿安全操作规程和企业安全生产各项规章制度；三是工作马马虎虎、得过且过，不敬业、不尽责，一切图方便、图省事；四是弄虚作假、偷工减料；五是凭习惯、凭经验办事。

上述这些问题既是煤矿井下生产中的普遍现象，也是煤矿安全生产管理中的难点。

二、职业道德的特点和作用

职业道德具有四大特点：一是在范围和对象上，具有鲜明的专业性和特定性；二是在内容和结构上，具有稳定性和继承性；三是在形式和方法上，具有灵活性和多样性；四是在实现方式上，具有自觉性和实践性。

弘扬职业道德有助于职业活动的健康进行，促进企业可持续发展；有助于增强行业、企业的凝聚力和企业的竞争力，树立行业、企业优良的品牌形象；有助于提高个人道德素质，是个人事业成功的重要条件和保证；有助于提高全社会的道德素质，促进社会和谐进步。

三、煤矿工人职业道德涵盖的内容及其作用

煤矿工人职业道德所涵盖的内容，除应遵守一般的职业道德外，还应包括以下几点内容：以人为本、安全为天；爱岗敬业、吃苦耐劳；遵章守纪、作风严谨；团结协作、风雨同舟。

煤矿工人职业道德除了职业道德的普遍作用之外，还有以下作用：有利于规范煤矿工人的职业行为，养成良好的职业习惯和安全生产习惯；有利于培养煤矿工人的职业情感，使他们爱岗敬业，干一行爱一行；有利于培养煤矿工人的职业意志，使他们具备不怕苦、不怕累、特别能战斗、特别能奉献的精神和品格。

四、弘扬煤矿工人职业道德的基本方略

如果说安全文化是煤矿企业文化的重要组成部分，那么煤矿工人职业道德则是煤矿企业安全文化的灵魂和核心。只有加强煤矿工人职业道德建设，才能为煤矿企业实现安全生产打好基础，为煤矿长治久安提供有效的保障。弘扬煤矿工人职业道德应采取以下基本方略。

1. 弘扬煤矿工人职业道德的基本原则

职业道德建设要坚持四项基本的原则，即：一是坚持职业道德建设与学习教育相结合；二是坚持教育引导、行为规范、实践养成相统一；三是坚持整体推进与分类指导相衔接；四是坚持推进工作与制度完善相配套。

2. 弘扬煤矿工人职业道德的基本步骤

弘扬煤矿工人职业道德的基本步骤是：第一步，“播撒”煤矿工人职业道德的“火种”，也就是用1年左右的时间培养煤矿工人的职业道德；第二步，制订弘扬煤矿工人职业道德方案和中长期计划；第三步，用1年时间制订相关配套制度；第四步，用2～3年时间全面推广煤矿工人职业道德。

3. 弘扬煤矿工人职业道德的基本措施

煤矿工人职业道德建设是一项长期、复杂的工程，全国煤炭行业必须高度重视，要上下联动，整体推进。

(1) 充分利用有效资源，“播撒”煤矿工人职业道德的“种子”。

目前，煤炭行业当务之急是尽快“播撒”煤矿工人职业道德的“种子”。从长期的煤矿安全文化实践来看，由于缺乏高素质策划人才和经验等原因，仅仅依靠我们自己的力量，“播撒”和精心“培育”煤矿工人职业道德的“种子”恐怕难以实现，因此，必须采取以下措施：

① 采取“走出去、请进来”的方式，整合资源，培育煤矿工人职业道德；

② 面向社会，充分利用社会有效资源，实行重奖征集煤矿工人职业道德规范和标准。

(2) 充分运用各种舆论工具和方式，精心“培育”职业道德。

征集、制订好煤矿工人职业道德规范后，各煤矿党委宣传部、科和各级工会组织在1～2年的时间里，要充分利用报纸、电视、电子屏、黑板报、宣传栏、标语等各种宣传舆论工具和媒体，集中精力，重点大力宣传煤矿工人职业道德，大力弘扬煤矿工人职业道德。

① 领导高度重视，把弘扬煤矿工人职业道德列为党委和企业的重要工作，作为煤炭行业和企业安全文化建设重中之重来抓，要像抓安全生产和经济效益一样抓煤矿工人职业道德“培育”工作，并做到年年工作有部署、季季有检查、月月有考核、年终总结表彰。各级领导要率先垂范，做宣传、弘扬、践行煤矿工人职业道德，遵章守纪无私奉献的模范。

② 采取教育和培训并重的方式，进一步加大煤矿工人职业道德的

宣传推广力度和范围。各煤矿要充分利用党代会、支委会、党员大会、职代会、班前班后会、安全学习会、员工大会等会议向煤矿工人大力宣传推广煤矿工人职业道德，并大力宣传安全生产工作中涌现出来的职业道德先进单位和个人，使大家学有榜样、赶有目标。同时，宣传、组织部门要担负起煤矿工人职业道德培训的责任，要组织专人精心撰写煤矿工人职业道德的培训教材，分层次、分批次进行全员培训，使每位煤矿工人将职业道德牢记心中。

③ 各级工会组织要采取煤矿工人喜闻乐见的方式（知识竞赛、猜灯谜、文艺演出等），进一步宣传推广煤矿工人职业道德，使之家喻户晓。

④ 各煤矿要抽调精干力量，组织煤矿工人职业道德宣讲队，坚持“五个深入”（深入基层、深入区队、深入班组、深入宿舍、深入井下），广泛宣讲煤矿工人职业道德，使之入心入脑，将提升职业道德转变为煤矿工人的自觉行动。

⑤ 各煤矿要克服困难，在人力、物力、财力上为宣传、推广、弘扬煤矿工人职业道德提供有力的支持。

⑥ 每年表彰弘扬煤矿工人职业道德先进集体和先进个人，宣传职业道德模范。

第六章 煤矿生产基础知识

第一节 煤矿生产概况

学习目标

1. 了解矿井生产的基本概况。
2. 了解矿井开采方式。

相关知识

一、矿井概述

井巷工程包括井筒、井底车场巷道及硐室、主要石门、运输大巷、采区巷道和回风巷道等全部工程。井巷工程施工主要特点是:作业空间狭小、通风照明条件差、噪声大、劳动条件恶劣。同时,井巷经常要穿过各种不同的岩层,地质条件复杂,潜在的不安全因素多,危险性大,会发生冒顶、片帮、透水、爆炸、机械伤害、尘毒危害等事故,造成人员伤亡和财产损失。因此,煤矿安全生产必须十分重视井巷掘进的安全问题。

二、矿井开采方式

矿井开采方式分为地下开采、露天开采和地下与露天联合开采。地下开采是通过地下巷道工程把矿床划分为井田、阶段(或盘区)、矿块(或矿段)进行开采工作;露天开采是使用采、装、运设备,在敞露的空间从事开采工作;联合开采则是上部或浅部用露天开采方式,深部用地下开采方式。确定合理的开采方式是矿山总体设计中的重要问题,取决于许多因素,其中矿体埋藏深度、规模、产状、空间分布、地形、地貌以及施工技术水平和机械设备等因素极为重要。

第二节　煤矿地质

学习目标

1. 了解煤层埋藏的特征。
2. 了解煤矿的地质构造

相关知识

一、煤层的埋藏特征

(1) 煤的形成与煤系

煤是由地质历史上植物遗体演变而形成的。在地质历史上的成煤时期，死亡的植物遗体堆积在湖泊、沼泽底部，在细菌参与的生物化学作用下，变成泥炭层。随着时间推移，地壳继续缓慢下沉，泥炭层在压力和温度的作用下，逐渐失去水分而变得致密，这时，泥炭就变成了褐煤。随着地壳继续下沉，褐煤在地下深处受到高温和高压的作用，逐渐变成烟煤。随着变质程度的进一步升高，烟煤变成无烟煤。

在煤的形成过程中，煤层上下会同时形成许多岩层。这些夹有煤层的岩层是在同一成煤时期形成的，通常称为某一地质年代的煤系地层。煤系是指含有煤层的沉积岩系，又称含煤地层，它们彼此间大致连续沉积，并在成因上有密切联系。

(2) 煤层厚度

煤层顶、底板之间的垂直距离，称为煤层厚度。煤层厚度相差很大，是影响采煤方法的主要因素之一。根据煤层结构的不同，煤层厚度分为总厚度、有益厚度和可采厚度。总厚度是指煤层顶、底板间各分煤层厚度和各夹层厚度的总和；有益厚度是指煤层顶、底板间各分煤层厚度的总和；可采厚度是指达到国家规定的最低可采厚度以上的煤层厚度或煤分层厚度之和。

根据煤层厚度对开采技术的影响,可将煤层分为以下 3 类:

① 薄煤层:厚度为 1.3 m 以下的煤层。

② 中厚煤层:厚度为 1.3～3.5 m 的煤层。

③ 厚煤层:厚度大于 3.5 m 的煤层。

在煤矿生产中,习惯上将厚度大于 6 m 的煤层称为特厚煤层。

(3) 煤(岩)层产状

煤(岩)层在空间的产出状态,称为煤(岩)层产状。倾斜煤层的产状,可以用煤层层面的走向、倾向和倾角 3 个要素的数值表示,称为煤层的产状要素,如图 6-1 所示。

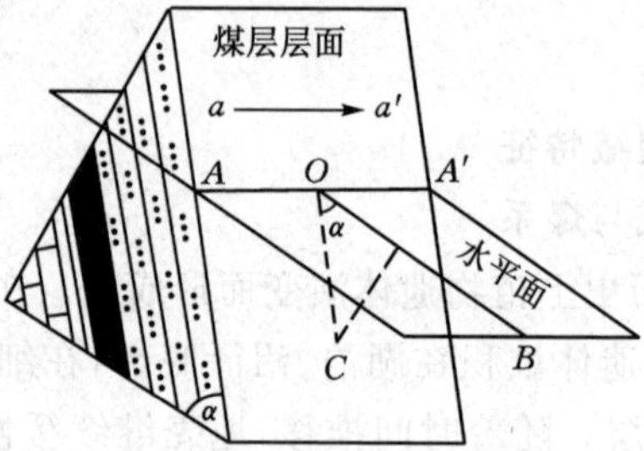

AA′—走向线;aa′—走向;OB—倾向线;OC—倾斜线;α—煤层倾角。

图 6-1　煤层产状要素

① 走向。倾斜煤(岩)层层面与水平面的交线称为走向线,如图 6-1中 AA′所示。走向线是煤层面上的一条水平线,表示煤层在水平面上的延展方向,它的两端延伸方向为煤层的走向。

② 倾向。在煤层层面上,与走向线垂直并沿层面倾斜向下引出的直线称为倾斜线,如图 6-1 中 OC 线。倾斜线在水平面上的投影线所指煤层倾斜一侧的方向为煤层的倾向,如图 6-1 中 OB 所示。

③ 倾角。倾角是指煤层面和水平面之间的夹角,如图 6-1 中的 α 所示。

煤层倾角对采煤方法的选择影响极大。一般来讲,倾角越小,开采越容易;倾角越大,开采越困难。根据煤层倾角对开采技术的影响,可将煤层分为以下 4 类:

① 近水平煤层：倾角在 8°以下的煤层。

② 缓倾斜煤层：倾角为 8°～25°的煤层。

③ 倾斜煤层：倾角为 25°～45°的煤层。

④ 急倾斜煤层：倾角在 45°以上的煤层。

(4) 煤层顶板与底板

煤多以层状的形态赋存于地下，并与上、下岩层有明显的分界面。位于上、下两个界面之间的煤及其所夹的矸石层称为煤层，赋存在煤层之上的邻近岩层称为煤层的顶板；赋存在煤层之下的邻近岩层称为煤层的底板。

根据顶板在煤层开采中垮落的难易程度及其与煤层的相对位置，将顶板分为基本顶、直接顶和伪顶 3 种类型，如图 6-2 所示。

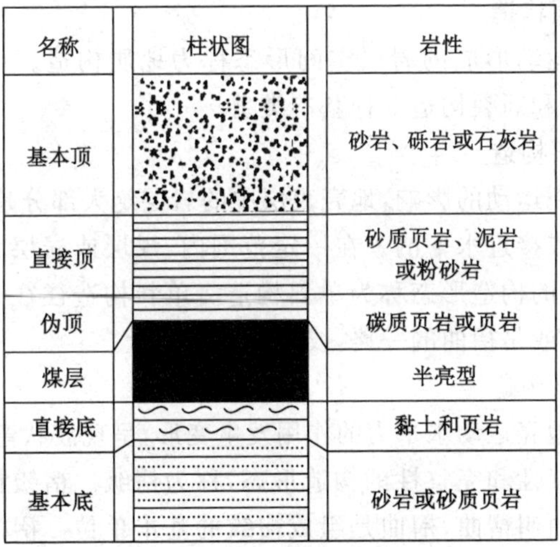

图 6-2　煤层顶、底板类型

① 伪顶。伪顶是指直接位于煤层之上的较薄岩层，极易破碎，随采随落。通常为碳质页岩、页岩等，厚度一般在 0.5 m 以下。

② 直接顶。直接顶是指位于伪顶之上或直接位于煤层之上（煤层没有伪顶时）的一层或几层岩层，通常由砂质页岩、泥岩、粉砂岩等比

较容易垮落的岩层组成。直接顶在煤层采动后随支柱回收或移架而自行垮落,有时需要人工放顶。

③ 基本顶。基本顶是指位于直接顶或煤层之上,通常为厚度较厚、岩石强度较大、难以垮落的岩层,通常由砂岩、砾岩或石灰岩等组成。

根据煤层底板的性质、煤层底板与煤层的关系,煤层底板可分为直接底和基本底 2 种类型。

① 直接底。直接底是指直接位于煤层之下的岩层,一般由黏土和页岩组成。其主要特点为遇水容易膨胀,引起底鼓现象。

② 基本底。基本底是指位于直接底或煤层之下的岩层,一般由砂岩或砂质页岩等坚固的岩层组成。

二、地质构造

由地壳运动形成的岩层空间形态称为地质构造。可分为单斜构造、褶皱构造和断裂构造 3 种基本类型。

(1) 单斜构造

由于地壳运动的影响,地壳表层中的岩层绝大部分是倾斜的,极少数是水平的或接近水平的。在一定范围内,煤层或岩层大致向一个方向倾斜,这样的构造形态称为单斜构造。单斜构造往往是其他构造形态的一部分,或是褶曲的一翼,或是断层的一盘。

(2) 褶皱构造

岩层受地壳运动水平力的作用发生变形,呈现波状弯曲,但仍保持了岩层的连续性和完整性的构造形态,称为褶皱。褶皱构造中岩层的任何一个弯曲叫褶曲,褶曲是组成褶皱的基本单位。褶曲有两种基本形态:背斜和向斜。

(3) 断裂构造

岩层受力后遭到破坏,发生断裂,失去了连续性和完整性的构造形态叫断裂构造。

根据岩层断裂后两侧岩块有无显著位移,可把断裂构造分为节理和断层两大类。

第三节　煤矿开拓

学习目标

1. 了解煤矿开拓方式。
2. 了解矿井巷道的分类与作用。

相关知识

一、露天开采与地下开采

根据煤层的赋存条件和开采技术条件，煤矿的开采方法分为露天开采和地下开采 2 种。

二、矿井储量

井田范围内煤炭的埋藏量称为矿井储量。

三、矿井生产能力

矿井生产能力指矿井一年内能生产煤炭的量，按生产能力大小可把矿井分为大型矿井、中型矿井和小型矿井。

四、矿井开拓方式

矿井开拓指在矿井范围内，从地表向地下开掘一系列井巷进入矿体，并建立矿井提升、运输、通风、排水及动力供应等生产系统。

(1) 平硐开拓：利用水平巷道由地面进入煤层进行开采的方式。按平硐与煤层的相对位置可分为走向平硐、垂直平硐和斜交平硐。

(2) 斜井开拓：利用倾斜巷道由地面进入，并通过一系列巷道到达煤层的一种开拓方式。最主要的有 2 种，即片盘斜井和斜井单水平分区式开拓方式。

(3) 立井开拓：利用垂直巷道由地面进入，并通过一系列巷道到达煤层的一种开拓方式。

(4) 综合开拓：利用上述 2 种或 3 种方式来开拓一个井田，这种开拓方式称为综合开拓。

五、矿井巷道分类

在煤矿地下开采中，为了提升、运输、通风、排水、动力供应等需要而开掘的井筒、巷道和硐室总称为矿山井巷。

(1) 矿山井巷根据井巷的长轴线与水平面的关系可以分为直立巷道、水平巷道和倾斜巷道3类。

① 直立巷道：巷道的长轴线与水平面垂直，如立井、暗井等；

② 水平巷道：巷道的长轴线与水平面近似平行，如平硐、平巷、石门等；

③ 倾斜巷道：巷道的长轴线与水平面有一定夹角，如斜井、上山、下山、斜巷等。

(2) 按巷道的用途和服务范围分类，常见巷道可分为开拓巷道、准备巷道和回采巷道。

① 一般来说，为全矿井、一个水平或若干采区服务的巷道，如井筒、井底车场、主要石门、运输大巷和回风大巷(或总回风道)、主要风井，称为开拓巷道。

② 为一个采区或数个区段服务的巷道，如采区上下山、采区车场、采区硐室，称为准备巷道。

③ 仅为采煤工作面生产服务的巷道，如区段运输平巷、区段回风平巷、开切眼，称为回采巷道。

六、各类巷道的作用

(1) 立井又称竖井，为直接与地面相通的直立巷道。专门或主要用于提升煤炭的井叫作主井。主要用于提升矸石、下放设备器材、升降人员等辅助提升工作的井叫作副井。暗立井又称盲竖井、盲立井，为不与地面直接相通的直立巷道，其用途同立井。

(2) 平硐是直接与地面相通的水平巷道。它的作用类似于立井，有主平硐、副平硐、排水平硐和通风平硐等。

(3) 平巷是与地面不直接相通的水平巷道，其长轴方向与煤层走向大致平行。平巷布置在煤层中的称为煤层平巷，平巷布置在岩层中的称为岩石平巷。

(4) 为开采水平服务的平巷常称为大巷，如运输大巷。直接为采煤工作面服务，以担负煤炭运输为主要任务的平巷叫作运输平巷（也称下顺槽）。直接为采煤工作面服务，以担负工作面回风为主要任务的平巷叫作回风平巷（也称上顺槽）。

(5) 石门是与地面不直接相通的水平巷道，其长轴线与煤层直交或斜交。为开采水平服务的石门称为主要石门，为采区服务的石门称为采区石门。

(6) 采区上、下山是指服务于一个采（盘）区的倾斜巷道，上山用于开采其开采水平以上的煤层，下山用于开采其开采水平以下的煤层。安装输送机的上、下山叫作运输上、下山，铺设轨道的上、下山叫作轨道上、下山，用作通风、行人的上、下山叫作通风行人上、下山。

(7) 硐室是空间上 3 个轴线长度相差不大且又不直通地面的地下巷道，如绞车房、变电所、煤仓等。

第四节　煤矿生产系统

学习目标

1. 了解巷道施工概述。
2. 了解巷道分类知识。
3. 了解巷道施工方法及工序。
4. 了解巷道施工机械化作业线。

相关知识

一、巷道施工概述

巷道是指在煤矿建设和生产过程中，为进行采掘工作而在相关煤层或岩层中开凿的水平或倾斜的空硐（不包括井筒和硐室）。巷道是煤矿组织生产的重要场所，是实现煤炭生产的先决条件之一。

巷道工程是矿井井巷工程中最重要的工程之一。但由于巷道施工长期受其围岩条件、施工空间、施工自然条件、施工设备、施工技术、施工人员水平和施工组织等因素限制，使得巷道施工在质量、成本和安全管理上不能充分发挥各自的施工优势。如在煤矿建设期间，巷道工程量占整个矿井井巷工程量的85%以上，施工工期占整个建井总工期的60%左右；在煤矿生产期间，巷道工程量始终控制着矿井生产规模。因此，巷道工程施工水平、施工安全、施工速度，成为衡量巷道施工的关键指标。

近年来，我国巷道施工，无论是在施工理念、施工组织上，还是在施工方法、机械设备、材料工艺上，都发生了巨大的变化，使巷道施工在质量、安全和速度上都有了一个质的飞跃。我国巷道平均施工速度从20世纪70年代的40 m/月左右提高到现在的300～500 m/月；施工机械从人工钻眼、人工装运岩石、砌碹支护到钻眼、岩石装运和支护全部实现机械化；巷道施工支护材料从料石到钢筋混凝土；施工管理理念从粗放型到集约型；施工方法从以人工为主到以机械为主；施工队伍从单一掘进队到综合掘进队。

二、巷道分类

(1) 巷道按其断面岩石的组成不同分为岩巷、煤巷和半煤岩巷。

(2) 巷道按其施工的角度不同分为平巷、斜巷和立井。

(3) 巷道按其施工的方法不同分为钻爆法施工巷道和机械法施工巷道。

三、巷道施工方法及工序

根据巷道围岩的强度、整体性、含水量及其他地质条件，巷道施工方法可分为钻爆法和机械法。

巷道施工主要由掘进和支护两道工序组成，在巷道具体施工中又将掘进工序细分为破岩、岩石装运两道工序，故巷道施工由破岩、岩石装运和支护三大工序组成。受巷道所处位置的岩性和水文地质条件、施工方法、施工设备和施工人员水平等因素的影响，在各工序中将采取不同的方法进行施工。

(一) 破岩

破岩是巷道施工的第一道主要工序，即采用一定的方法和设施将巷道所处位置中的岩石掏出，为后续的岩石装运和巷道支护工作做好准备，使巷道空间能够满足矿井生产需求。

巷道施工中通常采取钻爆法和机械法破岩。

1. 钻爆法破岩

钻爆法破岩即采用钻眼、装药、爆破的方法破碎岩石，采用机械方法装运岩石，人工或人工配合机械支护巷道的方法。它是目前巷道施工采用的主要方式，在岩巷掘进中使用最为普遍。进行爆破破岩必须先钻出炮眼，然后再安放炸药，进行爆破。

(1) 钻眼

钻眼工作需要使用钻眼机械。钻眼机械按使用的动力不同可分为气动凿岩机、电动凿岩机、液压和内燃凿岩机；按破岩机理不同可分为冲击式凿岩机、旋转式凿岩机和旋转冲击式凿岩机。

井巷掘进中，在岩石中钻眼主要采用冲击式钻眼法，在煤层中钻眼主要采用旋转式钻眼法。

① 冲击式凿岩机

冲击式凿岩机是以压缩空气为动力的钻孔机械，按其安设与推进方式可分为手持式、气腿式、向上式和导轨式 4 种，使用最普遍的是气腿式凿岩机。

气腿式凿岩机的机身下有一个气腿，起支撑与推进作用，主要用来钻凿水平和倾斜的炮眼。由于操作灵活、适应性强，使用最为广泛。定型产品有 YT-23 型(原 7655 型)和 YT-24 型等。现以 YT-23 型凿岩机为例，说明其构造和动作原理。

YT-23 型凿岩机的外形如图 6-3 所示。主机由柄体、缸体和机头 3 个部件组成，利用两根螺杆固装在一起。柄体又名后盖，它由柄体、把手、水针、操纵阀、水阀、换向阀、调压阀等部件组成。操纵阀控制机器运转；调压阀掌握气腿的推力；换向阀控制气腿的减压放气。机身由缸体和缸体内的棘轮、螺旋棒(来复棒)、阀柜、阀、阀套、活塞、导向套、消音罩等组成，依靠这些部件，实现配气、冲击和转钎动作。机头部分由机头、转动套、钎尾套和钎卡等组成，起着传递扭矩和卡钎的作用。

提高凿岩效率是凿岩工作的中心问题，其主要措施如下：

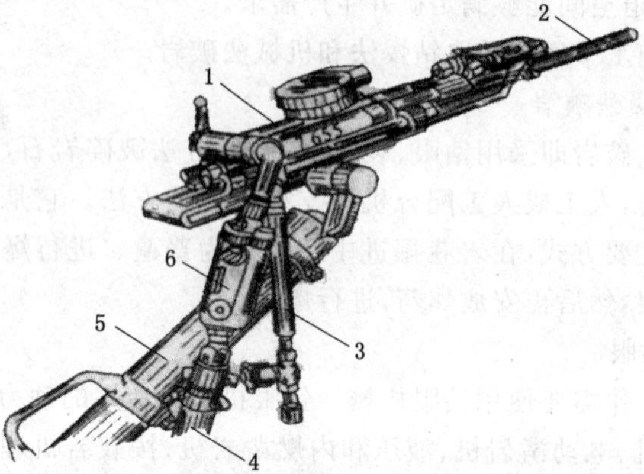

1—凿岩机主机；2—钎子；3—水管；4—压气软管；5—气腿；6—注油器。

图 6-3　YT-23 型气腿式凿岩机

a. 合理选择与正确使用凿岩机。司机操作要熟练，并要加强保养与维修凿岩机，保证凿岩机正常运转。

b. 保证气压。工作面供风压力应不低于 0.5 MPa。实践表明，气压提高或降低 0.1 MPa，相应的钻速就能提高或降低 30%左右。因此，必须尽量减少管路损失，防止压气漏损，进气胶管不要过长，气压过高不好，它会引起凿岩机剧烈振动，使零部件磨损加快，耗气量增大。同时，要合理确定凿岩机工作台数。

c. 合适的轴向推力。轴向推力不足，钎头不能有效地接触和破碎岩石，同时还会使机体振动，容易损坏钎子和机件；轴向推力过大，增加了钎子回转阻力，降低回转速度和冲击功，甚至引起停钻。在一定条件下，各类凿岩机均有相应的最优轴推力，轴推力大小主要取决于凿岩机的汽缸直径和使用气压。若汽缸直径大、气压高，则所需施加的轴推力大。如 YT-23、YT-24 型凿岩机的轴推力需 800～1 000 N，YT-26 型凿岩机需 1 200～1 300 N。气腿的支设角度以 30°～45°为宜。

d. 正确确定眼径和眼深。炮眼直径和深度加大，钻速必然下降，气腿式凿岩机适合的炮眼直径为 38～46 mm，眼深不宜超过 5 m。

e. 改善劳动组织，提高凿岩的工时利用率，减少辅助作业时间。

f. 快速排除故障。在凿岩过程中，不可避免地会出现故障，及时消除故障是保证钻眼工作顺利进行和提高凿岩工时利用率的重要措施。因此，必须熟悉各种故障产生的原因，掌握其处理方法。

② 旋转式凿岩机

旋转式钻眼机械有电动、气动、液压驱动 3 种，大量使用的是电动旋转式凿岩机，又简称电钻。电钻按使用条件和推进方式，分为手持式煤电钻和支架式岩石电钻两种。煤电钻由于正处于逐步淘汰阶段，故重点介绍岩石电钻。

岩石电钻由于电机容量大、质量大，钻进时需要很大的轴推力，故必须有自动推进与支撑设备。岩石电钻安装在特制的导轨上，由电动机、减速箱、牵引装置、机壳和供水装置组成(图 6-4)。电动机经减速后带动蜗轮蜗杆，通过摩擦离合器，带动链轮在链条上正反转动，从而带动岩石电钻沿导轨前后移动。

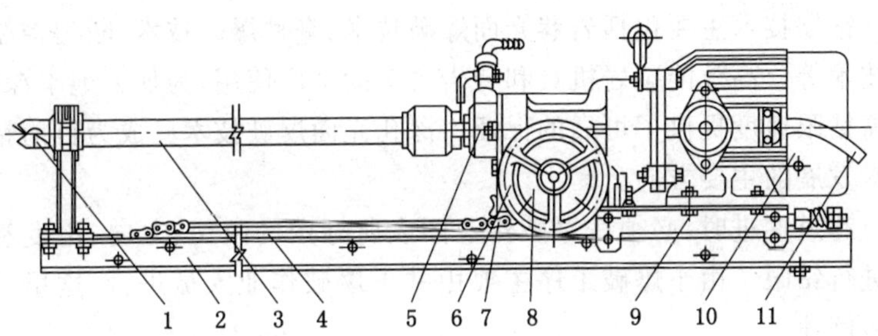

1—钻头；2—导轨；3—钻杆；4—链条；5—供水装置；6—手轮；
7—导向链条；8—离合器；9—滑架；10—岩石电钻；11—电缆。

图 6-4 岩石电钻与自动推进装置

岩石电钻采用六角中空钢钎、湿式钻眼，其破岩方式为旋转式。在坚硬的岩石中使用时，要有很大的轴推力和旋转力矩，而且钻头极易磨损，故效率难以提高。在 $f=4\sim6$ 的岩石中钻眼比较适宜。影响旋转式电钻钻眼速度的因素有以下几点：

a. 轴推力与钻速的关系。钻头在轴推力逐渐增大时，钻入岩石的深度呈跳跃式增加，当压力小于某一临界值时，岩石只发生弹性或塑性变形，并不破碎。因此，轴推力和钻速的关系也是跳跃式的。

b. 电钻电机转速对钻速的影响。最优转速的数值取决于岩石的坚固程度，岩石越坚硬最优转速值越小。

c. 在不同轴推力和转速条件下，所消耗的功率和钻速的关系。在实际工作中，应选择最优的电钻电机转速，不要过分加大转速，轴推力也要适当加大，否则既费力又耗能，钻速反而下降。

(2) 爆破

装药爆破是岩石破碎的一道重要工序，它是采用在炮孔中安设炸药，通过炸药爆炸产生的能量对巷道围岩进行冲击破碎，从而达到破岩的目的。在采用钻爆法掘进巷道时，按炮眼位置和作用不同分为掏槽眼、辅助眼和周边眼，其施工工艺参数往往是以钻爆工序为主，配合其他工序而确定的。钻爆参数主要包括炮眼深度、炮眼直径、炮眼数目、装药量、炮眼布置等内容。

钻爆技术主要包括岩巷光面爆破技术、毫秒爆破技术、断裂控制爆破技术等。高效能装岩机具和装岩台车的推广使用，为加大炮眼深度、提高钻眼速度提供了可靠的保证。深孔光面爆破技术已成为目前钻爆技术发展的主要方向。

巷道掘进时，必须按爆破作业图表所标定的眼位、方向、角度和深度进行钻眼。由于爆破工序主要由井下爆破作业人员进行，这里不做过多阐述。

2. 机械法破岩

机械法利用掘进机对巷道围岩进行冲击破碎，从而达到破岩的目的。机械法破岩主要采用掘进机进行施工。

掘进机可分为两类：一类是欧洲国家普遍使用的悬臂式掘进机，其适应范围广，但掘进、支护不能平行作业，掘进效率低，开机率亦低；另一类是以美国和澳大利亚为代表的连续式采煤机和掘锚机组，两者均可实现煤巷快速掘进，开机率较高，掘进效率亦高。我国目前仍以悬臂式掘进机单巷掘进为主，按其破落煤岩的方式不同，悬臂式掘进机分为纵轴式掘进机和横轴式掘进机两类。

我国现役掘进设备以国内研制的ELMB型煤巷掘进机(图6-5)为主。

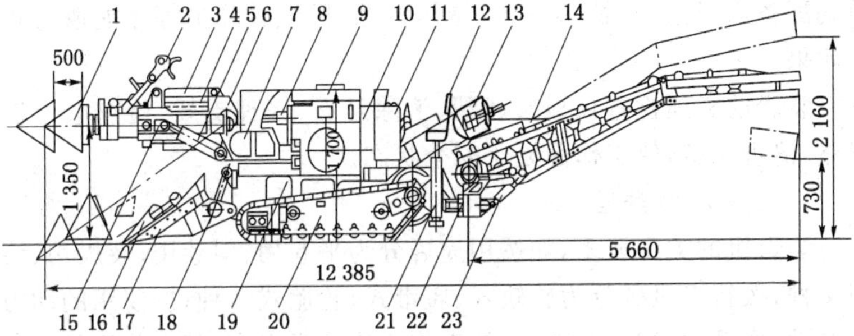

1—截割头;2—托梁器;3—伸缩油缸;4—减速器;5—升降油缸;6—电动机;7—回转座;8—回转油缸;9—油箱与泵站;10—电控箱;11—操纵台;12—司机座;13—刮板输送机;14—带式输送机;15—导轨架;16—扒爪;17—铲板;18—铲板油缸;19—主机架;20—行走部;21—起重油缸;22—带式输送机转轴;23—带式输送机升降油缸。

图6-5 ELMB型煤巷掘进机

ELMB型煤巷掘进机可用于开掘任意断面形状的巷道,该机除截割部采用电机、减速器传动外,其余各部均采用液压传动。它可以在掘进断面为5.5～8.5 m^2、坡度不大于12°的煤和半煤岩巷道中工作,适用于切割岩石坚固性系数 $f<4$(局部 $f=5$)的煤或岩石。ELMB型系列煤巷掘进机与可伸缩带式输送机(或刮板输送机)、调度绞车和U型钢(或工字钢)金属支架等设备组成综掘机械化作业线,在我国煤矿巷道掘进中得到广泛应用,先后在峰峰、邯郸、开滦、平顶山、皖北、淮北等矿区多次创造单孔月进尺全国纪录,是国内煤巷掘进的主力机型之一。

(二) 岩石装运

岩石装运(简称装岩)就是将破碎的岩石装运出施工地点,以便进行巷道支护工作。在装岩工序中可以采用人工和机械两种方法进行岩石的装运工作,但人工装岩效率低、速度慢、工人体力消耗大、劳动环境差,故很少采用;现多采用机械方法进行岩石装运工作。

装岩是巷道掘进作业中繁重而又费时的工序,一般占掘进循环时间的35%～50%。因此,为提高装岩机械化水平及其生产率,选择配套适宜的装运设备，组成合理的装岩作业线是很重要的。

装岩工作包括工作面装岩和调车运输两项工作。这两项工作必须做到配备人员适当、协调一致、操作熟练、机械故障少等才能取得较好的效果。

装岩前必须检查顶板及两帮、消除悬石、修理支架、检查电力供应线路、清理轨道，使工作面处于安全状态。

1. 装岩机的类型

装岩机的类型较多，如按用途可分为平巷用、斜巷用、装煤用、装岩用 4 种；按行走机械分为轮轨式、履带式、轮胎式 3 种；按使用的动力分为电动、风动、内燃机驱动等；按工作机构分类更多，其中井下常用的有铲斗式、耙斗式、蟹爪式和立爪式等。

(1) 铲斗式装岩机。铲斗式装岩机有后卸式和侧卸式两大类，其工作原理和主要组成部分基本相同。一般包括铲斗、行走、操作、动力几个主要组成部分，工作时依靠自身质量及运动所产生的动能，将铲斗插入碎石，铲满后将碎石卸入转载设备或矿车中，工作过程为间歇式。

(2) 耙斗式装岩机。耙斗式装岩机是一种结构简单的装岩设备，动力为电力，行走方式为轮轨式。它不仅适用于水平巷道装岩，也可用于倾斜巷道和弯道装岩，近年来在煤矿系统得到了广泛应用。耙斗式装岩机主要由绞车、耙斗、台车、挡体、滑轮组、卡轨器、固定楔等部分组成，如图 6-6 所示。

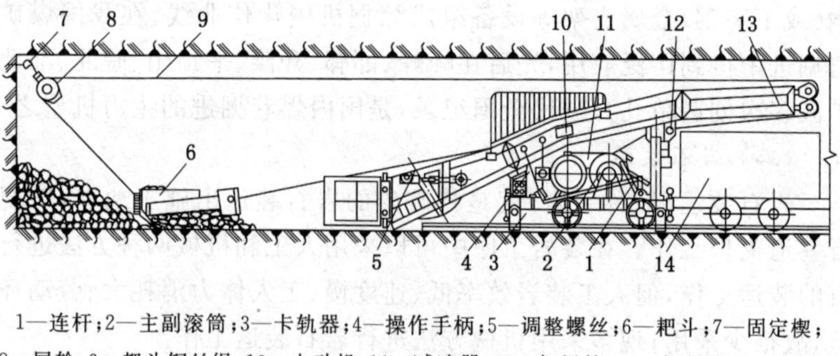

1—连杆；2—主副滚筒；3—卡轨器；4—操作手柄；5—调整螺丝；6—耙斗；7—固定楔；8—尾轮；9—耙斗钢丝绳；10—电动机；11—减速器；12—架绳轮；13—卸料槽；14—矿车。

图 6-6 耙斗式装岩机装岩示意图

耙斗式装岩机在工作前，用卡轨器将台车固定在轨道上，并用固定楔将尾轮悬吊在工作面的适当位置上。工作时，通过操纵手柄启动行星轮或摩擦轮传动装置，驱使主绳滚筒转动，并缠绕钢丝绳牵引耙斗把矸石耙到卸料槽。此时，副绳滚筒从动，并放出钢丝绳，矸石靠自重从槽口漏入矿车后，使副绳滚筒转动，主绳滚筒从动，耙斗空载返回工作面。这样就能使耙斗往复运行进行装岩。当台车需要向前移动时，可用人推，或用电机车顶动，亦可借助两个滚筒同时缠绕拉紧钢丝绳，使机器向前移动。

耙斗式装岩机与铲斗后卸式装岩机相比具有结构简单、维修量小、操作容易、工作可靠、岩尘量小等优点，但机器体积大，移动麻烦，耙齿和钢丝绳磨损严重。

(3) 蟹爪式装岩机。这类装岩机主要由蟹爪、履带行走部、装岩输送机、液压系统和电气系统等组成。装岩机前端的铲板上设有一对蟹爪，在电动机或液压马达驱动下，连续交替扒取矸石，并经刮板输送机运到机尾带式输送机或刮板输送机上，而后装入运输设备。蟹爪式装岩机装岩工作连续，并且装载宽度大，生产效率高，但结构复杂，履带行走对软岩巷道不利，适用于装硬岩。此外，机器对制造工艺和耐磨材料要求高，维修保养要求高。

(4) 立爪式装岩机。立爪式装岩机由装载机构、转载机构及行走机构 3 部分组成。优点是装矸机构简单可靠、动作灵活，对巷道断面和岩石块度适应性强，能挖水沟和清理底板，生产效率高。但爪齿容易磨损，操作复杂，维修成本高。

2. 装岩机的选择

选择装岩机考虑的因素比较多，主要包括巷道断面大小，装岩机的装载宽度和生产效率、适应性和可靠性，操作、制造和维修的难易程度，装岩机的造价等。

铲斗后卸式装岩机生产能力为 25～40 m^3/h，构造简单，适应性好，以往使用较多。但是，该机生产能力小，装岩工作方式不合理，间歇作业，效率低，容易扬起粉尘，对操作技术要求高，装岩宽度较小且必须在轨道上行驶，一般应用于单轨巷道。

侧卸式装岩机，铲取能力大，生产效率高，对大块岩石、坚硬岩石适应性强；履带行走，移动灵活，装卸宽度大，清底干净；操作简单、省力。但是该机构造复杂，造价高，维修要求高，间歇装岩，不适用于斜巷作业，适用于断面 12 m^2 以上的双轨巷道。侧卸式装岩机与凿岩台车配套使用是目前岩巷施工机械化作业线研究方向之一。

耙斗式装岩机，构造最简单，维修、操作方便，可用于平巷、斜巷以及煤巷、岩巷等，是目前煤矿最常用的装岩设备。但是，它的体积较大，移动不方便，妨碍其他机械使用，间歇装岩，且底板清理不干净，人工辅助工作量大，耙齿和钢丝绳损耗量大，效率低。

蟹爪式、立爪式、蟹立爪式装岩机的装岩动作连续，可与大容积、大转载能力的运输设备和转载机配合使用，生产效率高，但是构造较复杂，造价高，蟹爪与铲板易磨损，装坚硬岩石时，对制造工艺和材料耐磨度要求高。

目前国内使用较多的是铲斗后卸式装岩机和耙斗式装岩机，侧卸式装岩机次之，蟹爪式、立爪式装岩机正在不断完善和发展。在实际工作中，应根据工程条件、设备条件以及上述因素综合考虑。

（三）支护

经过破岩和装岩工序后，为保障巷道在一定年限内能够满足矿井的生产需求，应对巷道的围岩进行加固和维护，即巷道支护。较早施工的巷道大多是架设棚式支架与砌筑石材整体式支架，现在多是以提高围岩自承载能力的锚喷支护为主。

1. 巷道支架的类型

巷道支架为安设在巷道中的人工构筑物，用于控制围岩的移动，防止围岩冒落，以保持巷道安全的使用空间。

巷道支架按使用时间长短的不同，分为临时支架和永久支架；按力学性能的不同，分为刚性支架和可缩性支架；按支架材料的不同，分为木支架、金属支架、石材支架、混凝土支架、钢筋混凝土支架等；按照巷道支架承载机理的不同，分为被动支护支架和主动支护支架。

巷道支护分类见表 6-1，主要支护形式及其优缺点见表 6-2。

表 6-1　巷道支护分类

巷道支护	刚性	整体混凝土砌碹,包括混凝土、钢筋、型钢
		料石砌碹
		金属
		木
		整配式钢筋混凝土,有普通、预应力、预制弧板等形式
	金属可缩性	矿工钢、U 型钢
	锚杆	单体锚杆
		组合锚杆,有锚喷、锚网、锚喷网、锚梁网、锚梁带
		锚杆桁架
	锚索	配合锚杆使用

表 6-2　主要支护形式及其优缺点

支架形式	适用条件及优缺点
金属支架	适用条件:煤矿井下的各种巷道,以及交岔点、马头门、井底车场和硐室的支护。 优点:适应性强,承载能力大,可加工性好,用矿用工字钢可以加工成各种形式的支架;支架构件在达到屈服强度后,塑性工作范围大,安全性好;易修复,可多次重复使用,经济效果好。 缺点:初期投资大,用钢量多
钢筋混凝土支架	适用条件:压力大、不受回采影响的开拓巷道和回采巷道。 优点:承载能力大;结构简单,梯形和拱形钢筋混凝土支架都由一个顶梁、两根柱腿组成;制造成预应力钢筋混凝土支架可提高承载能力,降低构件质量。 缺点:与其他支架比较,质量较大

表 6-2(续)

支架形式	适用条件及优缺点
锚杆及组合锚杆支护	适用条件:不受采动影响和受某些采动影响的巷道,以及同其他支护形式相组合支护的各种巷道。 优点:主动的支护形式,能够调动围岩的自承能力,并与之形成共同的承载体系,有效支护围岩;重量轻,成本低,易安装;实现机械化后,能加快掘进速度;易解决紧跟工作面的临时支护问题。 缺点:锚杆作用机理及适用条件研究不充分,支护参数不易确定
联合支护	联合支护的形式:锚杆+喷射混凝土;锚杆+金属网+喷射混凝土;锚杆+钢带(梁);锚杆+金属网+钢带+锚索;锚杆+喷射混凝土+金属支架+喷射混凝土。 特点:根据具体条件确定合适的支护技术,可以取得较好的技术经济效果
砌碹支护	适用条件:煤矿井下不受回采影响、服务期长的巷道。 优点:本身是连续整体,对围岩能起封闭并防止风化作用;较坚固、耐久、防火、阻水,通风阻力小。 缺点:主要承受顶压,对顶压不均匀或不对称及侧压较大的情况,受力较差,易出现裂缝,施工速度较慢

2. 棚式支架

棚式支架简称棚子,是井下常用的一种传统支架。依据使用的材料不同,棚式支架又分为木支架、金属支架、装配式钢筋混凝土支架等多种形式。

(1) 木支架

由于支架特性与多数巷道围岩的变形规律不相适应,容易腐朽,服务年限短,且由于我国森林资源较少,应尽量不用或少用木支架。木支架的形式主要是一梁二柱式梯形支架。主要用于地压不大、断面较小、服务年限短的采区巷道和失修巷道的维护,在服务年限较长的巷道掘进施工中作为临时支护。

(2) U 型钢可缩性支架

U 型钢可缩性支架采用 U 型钢制作，其结构如图 6-7 所示。

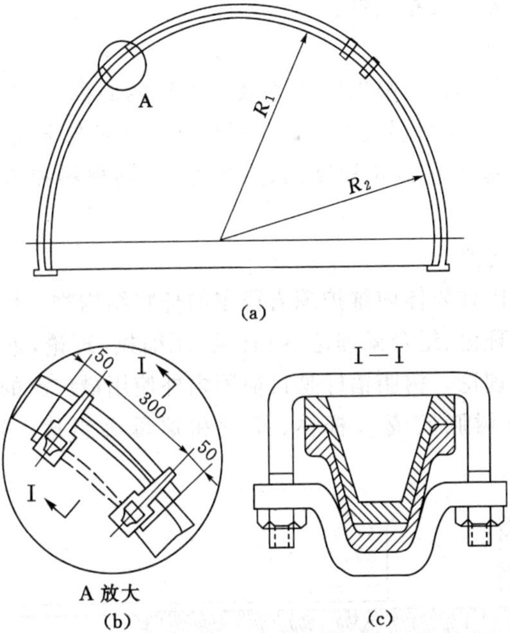

图 6-7　拱形可缩性金属支架

每架棚子由 3 个基本构件所组成：1 根曲率为 R_1 的弧形顶梁和 2 根上端部曲率为 R_2 的柱腿。弧形顶梁的两端插入和搭接在柱的弯曲部分上，组成 1 个三心拱。根据巷道断面尺寸、主要来压方向及围岩移近量的大小，可以采用节数不同的结构形式，一般为 3～5 节。梁腿搭接长度为 300～500 mm，该处用 2 个卡箍固定(每个卡箍包括 1 个 U 型螺杆和 1 块 U 型垫板、2 个螺母)，柱腿下部焊有 150 mm×150 mm ×10 mm 的铁板作为底座。

支架的可缩性可以用卡箍的松紧程度来调节和控制，通常要求卡箍上的螺帽扭紧力矩等于 15 N·m，以保证支架的初撑力。U 型钢可缩性金属支架适用于矿压大且不稳定以及围岩变形量大的巷道，支护断面一般不大于 12 m^2，支护棚距一般为 0.7～1.1 m，相邻支架之间采用金属拉杆通过螺栓、夹板等互相拉住，也可打入撑柱撑紧，以加强支架沿巷道轴线方向的稳定性。

3. 锚喷支护

锚喷支护是锚杆与喷射混凝土联合支护的简称，二者可以单独使用，即锚杆支护与喷射混凝土支护。锚喷支护还可与金属网联合支护。锚喷支护具有施工机械化程度高、成本低、节约材料和施工速度快等优点。

(1) 锚杆支护

锚杆是锚固在岩体内维护围岩稳定的杆状结构物。传统的锚杆支护理论有悬吊理论、组合梁理论、组合拱(压缩拱)理论，近期又发展了最大水平应力理论。树脂锚杆是目前国内外使用最广泛的锚杆支护形式，由锚固剂(树脂胶囊)、杆体、托盘和螺母等组成。锚杆结构如图 6-8所示。

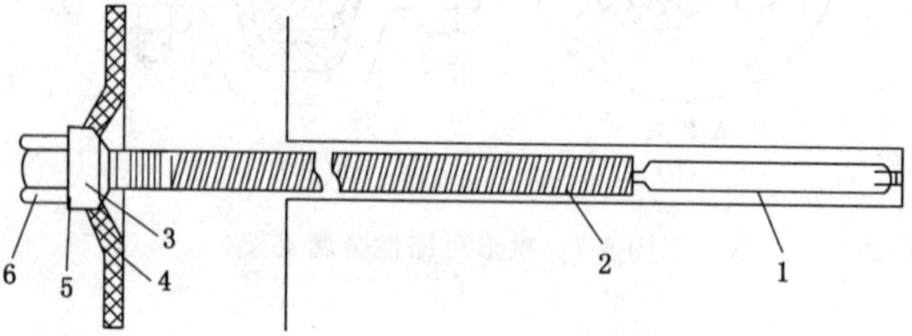

1—树脂药卷；2—杆体；3—穹形球体；4—托盘；5—塑料增压垫圈；6—驱动螺母。

图 6-8　树脂锚杆结构

锚杆杆体是锚杆的主体，杆体材质及表面结构直接影响锚固范围对围岩的支护阻力。根据杆体屈服强度的大小将杆体分为 3 类：普通锚杆、高强锚杆和超高强度锚杆。

锚固剂将杆体与围岩黏结在一起，在围岩深部与浅部不一致变形过程中，锚固剂将围岩变形传递给杆体，同时将杆体对围岩变形的约束传递给围岩。锚固剂在锚杆与围岩相互作用过程中具有重要作用。树脂锚固剂通常是将树脂、固化剂、促凝剂严密包装在一定长度和直径的胶囊中，树脂和促凝剂装在一室，固化剂与之隔离包装在另一室。锚固剂胶囊被锚头捣破搅拌后，促凝剂促进树脂和固化剂发生化学反应，使锚杆杆体通过锚固剂与钻孔壁固结在一起。

树脂锚杆适用范围比较广泛，既适用于硬岩、中硬岩巷道也适用于软岩、煤层巷道，既适用于木锚杆也适用于金属锚杆，既适用于集中锚固类锚杆也适用于长锚固类锚杆，而且使用安全可靠，操作简便快速，质量有保证。

锚杆支护施工包括钻锚杆眼和安装锚杆两个工序。钻锚杆眼和安装锚杆均使用单体轻便式钻锚杆眼的钻机施工。

(2) 喷射混凝土支护

喷射混凝土是将一定配比的水泥、砂、石子和速凝剂等混合搅拌均匀，装入喷射机，以压缩空气为动力，使拌合料沿管路吹送至喷头处与水混合并以较高的速度喷射在岩面上，凝结硬化而成的一种新型支护形式。其工艺流程如图 6-9 所示。先将砂、石过筛，按配合比和水泥一同送入搅拌机内搅拌，然后用矿车将拌合料运送到工作面，经上料机装入以压缩空气为动力的喷射机，再经输料管吹送到喷头处与水混合后

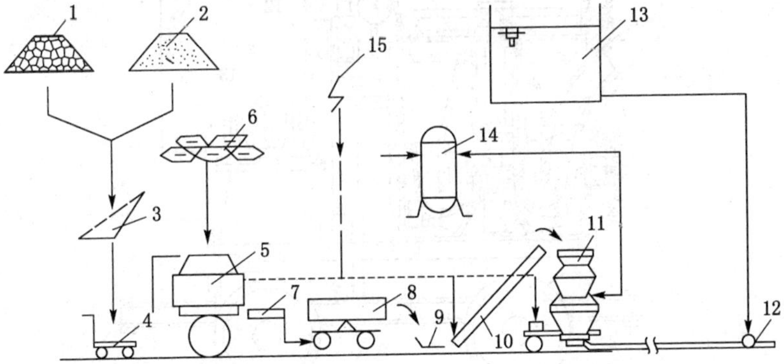

1—石子；2—砂子；3—筛子；4—磅秤；5—搅拌机；6—水泥；7—筛子；8—运料小车；9—料盘；10—上料机；11—喷射机；12—喷嘴；13—水箱；14—风包；15—电源。

图 6-9　喷射混凝土的工艺流程

喷敷在岩面上。

混凝土在高速喷射过程中,水泥颗粒受到重复碰撞冲击,混凝土喷层受到连续冲实压密,而且喷射工艺又允许采用较小的水灰比,因此喷射混凝土层具有致密的组织结构和良好的物理力学性能。特别是它的黏结力大,能同岩石紧密黏结,是形成喷射混凝土独特支护作用的重要因素。喷射混凝土能随着巷道掘进及时施工,且加入速凝剂后其早期强度成倍增长,因而能够控制围岩的过度变形与松弛。喷层较薄,具有一定的柔性,可以和围岩共同变形产生一定量的径向位移。

喷射混凝土有干喷和湿喷两种施工工艺。根据喷射工艺的要求,喷射机相应也有干式和湿式两种。我国定型生产的干式喷射机种类较多,常见的有 ZHP-2 型转体式喷射机、双罐式喷射机、螺旋式喷射机。

ZHP-2 型转体式喷射机由主机、传动机构、风路系统、电气系统、机架等组成。主机由旋转体、密封胶板、定量下料机构、搅拌器、料斗、出料弯头、上下壳体等组成,见图 6-10。定量下料机构由定量隔板和

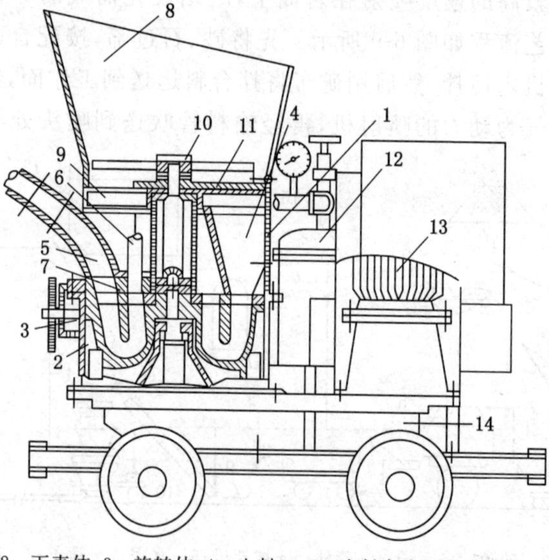

1—上壳体;2—下壳体;3—旋转体;4—入料口;5—出料弯头;6—进风管;7—密封胶板;8—料斗;9—拨料板;10—搅拌器;11—定量板;12—油水分离器;13—电动机;14—减速器。

图 6-10 ZHP-2 型混凝土喷射机主机

定量叶片组成，隔板可上下移动，以调整喷射能力。沿旋转体四周方向均匀地布置14个U型槽，外圈的槽腔为料槽，里圈的为气室，其底部连通成U形。

在喷射混凝土之前，应先检查巷道断面尺寸是否符合设计要求，若有欠挖部分应事先予以处理，要用高压风、水冲洗岩面，撬掉活石，清除巷道两帮基底的存矸，并达到设计规定的深度（底板以下100 mm）。认真检查机械设备和管线，准备好照明、信号和防尘等各项设施，以保证喷射质量和作业安全。喷射作业时，严格按操作规程正确使用混凝土喷射机，特别要注意调整好风压，以减少回弹和降低粉尘浓度。操作喷头要先开水后开风，及时调整水灰比，尽量使喷头与岩面垂直，并和岩面保持1 m左右的距离。喷射顺序应是先墙后拱、自下而上呈螺旋状轨迹移动，螺旋轨迹每圈的直径为100～200 mm。为了保证喷射质量和提高喷射效率，应合理划分喷射区段，一般以6 m长为一基本段，基本段再分作2 m长的3小段。喷侧墙每喷完1.5 m高时依次向相邻小段推移。

四、巷道施工机械化作业线

巷道施工机械化作业线是指在完成巷道施工主要工序中所使用的机械以及配套的施工方式，它是提高巷道施工效率的主要方式。

（一）岩巷机械化作业线

1. 凿岩机十耙斗式装岩机为主的机械化作业线

此机械化作业线是指巷道施工工序中以凿岩机钻眼、装药爆破，耙斗式装岩机、矿车装运岩石，然后采取锚喷等方式支护施工巷道。这种机械化作业线是巷道施工的主要方式，适用于各种断面的巷道施工。

2. 凿岩台车十侧卸装岩机为主的机械化作业线

此机械化作业线是指巷道施工工序中以凿岩机钻眼、装药爆破，侧卸装岩机、矿车装运岩石，然后采取锚喷等方式支护施工巷道。这种机械化作业线也是巷道施工的主要方式，适用于各种巷道，但受侧卸装岩机的影响。

3. 凿岩机十耙斗式装岩机十梭式矿车为主的机械化作业线

此机械化作业线是指巷道施工工序中以凿岩机钻眼、装药爆破，耙斗式装岩机、梭式矿车装运岩石，然后采取锚喷等方式支护施工巷道。这种机械化作业线也是巷道施工的主要方式，适用于各种巷道，但受梭式矿车的影响。

（二）煤巷机械化作业线

采用掘进机掘进煤巷时，必须有一套与之相适应的机械运输设备，它们相互配置形成一条机械化作业线，这是加快煤巷掘进速度和提高劳动生产率的根本途径。目前常用的煤巷施工机械化作业线有以下几种。

1. 掘进机十可伸缩双向带式输送机机械化作业线

该作业线的主要设备是煤巷掘进机和可伸缩双向带式输送机，是我国目前综掘机械化中最先进的一种，在大型煤矿的区段平巷掘进中得到广泛使用，并取得了很好的经济效益。掘进机切割下来的煤经装运机构、桥式转载机、可伸缩双向带式输送机再卸至其他运输设备上。带式输送机向外送煤的同时，在带式输送机的下输送带上能向工作面运送各种材料，使上输送带出煤和下输送带（回空输送带）进料形成一个运输系统。为减少接长输送带辅助时间，输送带可储存 100 m 的长度。掘进工作面延长带式输送机的方法如图 6-11(a)所示。掘进机在工作面向前掘进到桥式转载机的最大搭接长度后，掘进机后退使其尾部与可伸缩带式输送机尾部连接，同时将外段带式输送机尾部与中间架部分的连接装置脱开，如图 6-11(b)所示。通过掘进机前移，将外段带式输送机尾部拖前 12～15 m，如图 6-11(c)所示，然后在预留的间隔空间中进行中间架的组装工作。

这种机械化作业线的主要特点是：可充分发挥掘进机的生产效率，切割、装载、运输生产能力大，掘进速度快，上输送带出煤，下输送带运料，输送带延长速度快（每延长 12 m 输送带仅需 30 min），并可利用伸缩输送带接长时间进行工作面永久支架安设工作，有效地利用掘进循环时间。

该机械化作业线主要适用于连续掘进的独头巷道长度大于 800 m 的条件。开滦钱家营矿采用 AM-50 型掘进机，配用 SDJ-44 型伸缩式带式输送机和 SGW-40 型输送机，创造了半煤岩巷单巷月进 1 421 m

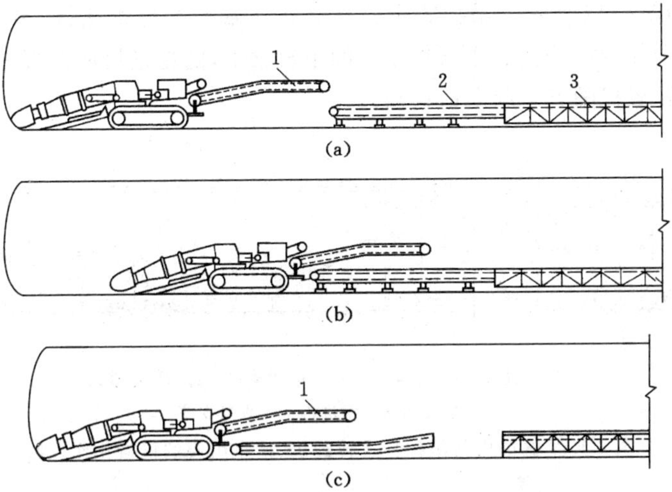

1—桥式转载机；2—外段带式输送机尾部；3—可伸缩带式输送机的中间架。

图 6-11　伸缩式带式输送机延长方法

(a) 输送带延长顺序Ⅰ；(b) 输送带延长顺序Ⅱ；(c) 输送带延长顺序Ⅲ

和煤巷单巷月进 2 211.2 m 的好成绩。

2. 煤巷掘进机＋梭式矿车(或仓式列车)机械化作业线

该作业线由煤巷掘进机、梭式矿车(或仓式列车)、电机车等部分组成。掘进切割下来的煤经装载机构、输送带转载机卸入梭式矿车(仓式列车)，然后通过梭式矿车(或仓式列车)车厢底板上的刮板输送机逐渐运向后部，直至均匀装满梭式矿车(或仓式列车)，然后由电机车牵引至卸载地点。

该机械化作业线不能平行作业，导致掘进机效率不能充分发挥，适用于装卸地点距离较短的巷道，同时井下必须有卸载站。大同矿区曾采用此作业线，最高月进尺达 2 405 m。

3. 煤巷掘进机＋吊挂式带式转载机＋矿车、电机车机械化作业线

该作业线适用于采用金属永久支护、矿车运输的小断面巷道。为了提高掘进效率，减少调车次数和调车停机时间，在巷道转弯半径允许的前提下尽量先用长度较大(可容 8～10 辆矿车)的吊挂式带式转载

机，如图 6-12 所示。吊挂式带式转载机一端与掘进机相连，另一端通过行走导轮吊挂在巷道顶板专设的单轨梁上，随掘进机向前掘进，吊挂带式转载机随着一起向前移动。

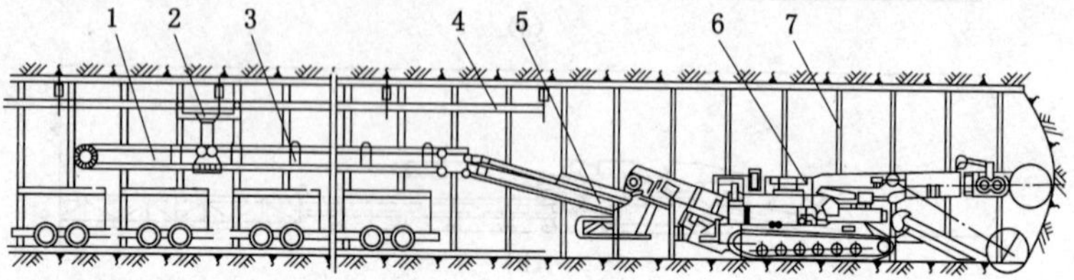

1—机尾部；2—吊挂小车；3—中间架；4—1140E 轨道；
5—机头部；6—掘进机；7—拱形支架。

图 6-12 掘进机与吊挂带式转载机、矿车组成的机械化作业线

该机械化作业线不能实现连续作业，掘进机工时利用率低，掘进速度慢。另外，永久支架的安装质量要求比较严格，辅助工程量较大，多在输送机运煤系统未建成前采用。

第五节 采煤方法

学习目标

1. 了解采煤方法及采煤工艺。
2. 了解采煤工艺及支护技术。
3. 了解采煤新技术、新工艺。

相关知识

一、采煤方法及采煤工艺

1. 采煤方法

采煤方法是指采煤工艺与回采巷道布置及其在时间、空间上相互配合的总称。采煤方法包括采煤系统和采煤工艺两部分内容。

采煤系统是指采区巷道的布置方式，掘进和采煤顺序的合理安排以及由采区供电、通风、运输、排水等生产系统共同构成的、完整的煤炭开采系统。采煤工艺是指采煤工作面各工序所用方法、设备及其在时间、空间上的相互配合。

通常按采煤工艺、矿压控制特点和采煤系统构成，将采煤方法划分为壁式体系采煤法和柱式体系采煤法两大类。除少数小型矿井外，我国绝大多数煤矿采用壁式体系采煤法。

2. 采煤工艺

采煤工艺又称回采工艺，由5个主要工序组成：

(1) 破煤：将煤炭从工作面煤壁上采落下来的工序。

(2) 装煤：将采落下来的煤炭装入工作面刮板输送机内的工序。

(3) 运煤：将工作面采落的煤炭运出工作面的工序。

(4) 支护：将破煤后暴露的工作面顶板空间，用支护材料或设备支护的工序。

(5) 采空区处理：采用全部垮落法处理采空区的工作面，采空区处理是回柱(或移架)放顶工序；采用全部充填法处理采空区的工作面，采空区处理是回柱充填的工序。

我国目前普遍采用的采煤工艺有爆破采煤工艺、普通机械化采煤工艺、综合机械化采煤工艺和综合机械化放顶煤采煤工艺。

二、采煤工艺及支护技术

(一) 爆破采煤工艺

爆破采煤工艺，指在长壁工作面用爆破方法破煤和装煤、人工装煤、输送机运煤和单体支柱支护的采煤工艺。其工艺过程包括爆破落煤及装煤、人工装煤、刮板输送机运煤、人工挂梁立支柱、移置输送机、人工回柱放顶等工序。

1. 爆破落煤

爆破落煤由打眼、装药、填炮泥、连炮线和爆破线及爆破等工序组成。

(1) 炮眼布置

常用的炮眼布置有以下3种，如图6-13所示。

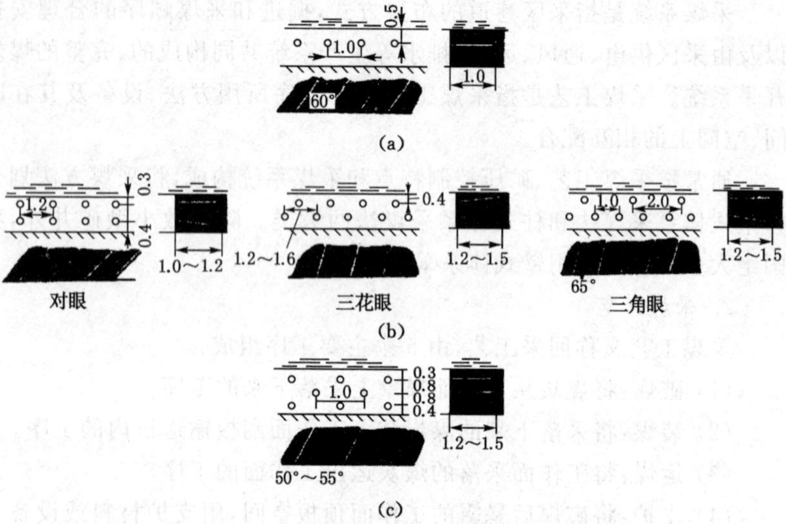

图 6-13　炮眼布置图(单位:m)

(a) 单排眼;(b) 双排眼;(c) 三排眼

① 单排眼:沿工作面只打一排炮眼,一般用于薄煤层或煤质软、节理发育的煤层。

② 双排眼:沿工作面布置两排炮眼,两排炮眼的具体布置形式有对眼、三花眼和三角眼,一般适用于采高较小的中厚煤层。如果煤质中硬可采用对眼,比较松散时就采用三花眼。

③ 三排眼:也称五花眼,用于采高较大的中厚煤层或煤质坚硬煤层。

为了满足爆破装煤及爆破进度的需要,除了对炮眼排数有以上要求外,对炮眼的深度和炮眼的角度也有以下的要求:

① 炮眼的深度取决于工作面一次的推进度、顶板岩性和煤的硬度等,一般为 1.0～1.2 m,最大可达 2.0 m。工作面炮眼的深度要保持一致,以免影响炮眼的利用率、爆破效果和煤壁的平直。

② 炮眼的角度应满足以下要求:

a. 炮眼与煤壁的水平夹角一般为 50°～80°,软煤取大值,最大可取 90°,硬煤取小值。为了防止支架崩倒,应使水平方向的最小抵抗线朝向两柱之间。

b. 当煤层较硬、黏顶性强时，上排炮眼要有一定的仰角，在垂直面上向顶板方向仰起5°～10°。

c. 为了不留底煤，又不崩翻刮板输送机，下排眼要有一定的俯角，在垂直面上向底板方向保持10°～20°。

(2) 装药、连线与爆破

炮眼的装药量要根据顶板岩性、煤层软硬程度、炮眼深度及位置，结合生产经验和相似条件来确定。一般底眼的装药量要多些，为150～600 g，顶眼与腰眼可适当减量，以节省炸药消耗和增加块煤率。药装好后，按《煤矿安全规程》要求封堵炮泥。

炮采工作面炮眼的连线方式一般采用串联。爆破时可采取先顶眼后底眼、先底眼后顶眼及顶、底眼同时起爆3种顺序。第一种爆破顺序在爆破装煤工作面应用较多。

采煤工作面每次起爆的炮眼数目，应综合考虑顶板稳定性、输送机的启动及运输能力、工作面安全情况而定。起爆条件好时，可同时起爆数十个眼。如果起爆条件差、顶板不稳定，每次只能起爆几个眼，甚至采用留煤垛间隔爆破的办法。同时起爆的炮眼数，既不要超过顶板最大允许暴露面积，又要考虑输送机的最大运输能力，防止发生输送机压机或断链事故。

2. 装煤与运煤

(1) 爆破装煤

炮采工作面采用单体液压支柱及铰接顶梁所构成的单体支架支护工作面。在单体支架的支护下，可以把输送机推移到贴近煤壁，利用爆破时的爆破力，将煤炭自动抛入刮板输送机内，称为爆破装煤。爆破装煤率一般可达31%～37%。

(2) 人工装煤

炮采工作面爆破后存在装不到输送机上的煤，如煤壁与输送机之间散落的煤，崩落或撒落到输送机采空侧的煤。因此，炮采工作面的这部分煤要由人工装到刮板输送机上。人工装煤劳动强度大，效率低，是炮采工艺的缺点之一。炮采工作面的运煤一般由刮板输送机来完成。

3. 工作面支护

我国正规炮采工作面都采用单体液压支柱和铰接顶梁支架支护。支架的布置形式主要有正悬臂齐架直线柱和正悬臂错梁三角柱2种，后者现在用得较少。

4. 采空区处理

随着采煤工作面不断向前推进，顶板悬露面积会越来越大，为了工作面的安全及正常生产，需要对采空区进行及时处理。根据顶板特征、煤层厚度及保护地表的特殊要求等条件，有多种处理方法，最常用的是全部垮落法。

全部垮落法适用于开采直接顶易于垮落或中等稳定顶板，具体做法是：当工作面从开切眼推进一定距离后，主动撤除采煤工作空间以外的支架，使其直接顶自然垮落。当工作空间达到最大控顶距时，就及时回柱放顶，使工作空间只保留回采工作所需要的最小控顶距。与普通机械化采煤一样，最小控顶距应有3排支柱，以保证足够的采煤工作空间；最大控顶距一般不宜超过5排支柱。通常采煤工作面推进1或2次放一次顶，即三排、四排或三排、五排管理顶板。一次放顶的宽度就是放顶步距，等于最大控顶距与最小控顶距的差。

因为炮采工作面的回柱放顶工作采用人工完成危险性较大，所以在操作时应该严格遵照《煤矿安全规程》。

采煤工作面必须及时回柱放顶或充填，控顶距离超过作业规程规定时，禁止采煤。用垮落法控制顶板，回柱后顶板不垮落、悬顶距离超过作业规程的规定时，必须停止采煤，采取人工强制放顶或其他措施进行处理。

用垮落法控制顶板时，回柱放顶的方法和安全措施，放顶与爆破、机械落煤等工序平行作业的安全距离，放顶区内支架、木垛的回收方法，必须在作业规程中明确规定。

（二）普通机械化采煤工艺

普通机械化采煤工艺，是指用机械方法破煤、装煤，输送机运煤和单体支柱支护的采煤工艺，简称普采。其中，使用单体液压支柱进行支护的称为高档普采。普采工作面技术装备主要有滚筒式采煤机或刨煤机、可弯曲刮板输送机和与其配套的推移千斤顶、单体金属支柱与铰接顶梁及乳化液泵站等。

普采工作面的生产工艺过程主要由割煤、运煤、挂梁、推移刮板输送机、打柱以及回柱放顶等工序组成。

1. 割煤

普采工作面的生产以采煤机为中心，采煤机割煤，其他工序合理配合。采用滚筒采煤机割煤时，采煤机一般是骑在输送机上，以输送机两侧作为导轨上下往复运行。割下的煤，靠螺旋滚筒及弧形挡煤板装入输送机中，使落煤、装煤、运煤 3 道工序实现连续作业。

2. 支护

(1) 支护设备

普采工作面常使用单体液压支柱与金属铰接顶梁支护顶板。单体液压支柱分内注式和外注式两种，初撑力大，因此使用非常广泛。

(2) 支架布置方式

采煤机割煤后，工作面支架上的铰接顶梁向工作面煤壁方向延接，以对割煤后新暴露的顶板进行临时支护。除少数顶板完整的普采工作面可使用带帽点柱外，一般均采用由单体液压支柱与铰接顶梁组成的悬臂支架。这样可实现追机挂梁，及时支护新暴露的顶板。

按悬臂顶梁与支柱的关系，可分为正悬臂与倒悬臂两种。正悬臂支架悬臂的长段在立柱的煤壁侧，有利于支护机道上方顶板；短段在立柱的采空区侧，故顶梁不易折损。倒悬臂支架则相反，其长段伸向采空区，立柱不易被碎矸石埋住，但顶梁易损坏，如图 6-14 所示。

图 6-14　单体液压支架正悬臂和倒悬臂布置

(a) 正悬臂布置；(b) 倒悬臂布置

普采工作面支架布置，按梁的排列特点分为齐梁式和错梁式两种。齐梁式适用于顶板比较稳定的工作面条件；错梁式适用于顶板比较破碎的工作面条件。为了行人和工人作业方便，工作面支柱一般排成直线状。因此，目前普采工作面支架布置方式主要有齐梁直线柱和错梁直线柱两种，如图 6-15 所示。

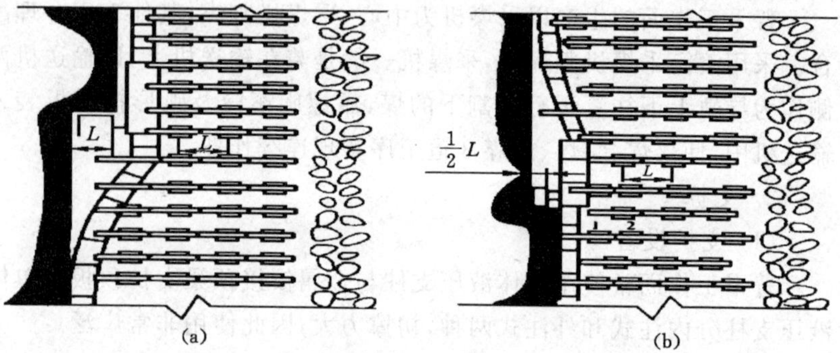

图 6-15　支架齐梁式和错梁式布置

L—支架安设间距。

(a) 齐梁直线柱；(b) 错梁直线柱

处理普采工作面采空区时，可选择和使用的特种支架有丛柱、密集支柱、木垛、斜撑支架及切顶墩柱等。

(3) 普采工作面端头支护

端头支护应满足以下要求：

① 要有足够的支护强度，保证工作面端部出口的安全。

② 支架跨度要大，不影响输送机机头、机尾的正常运转，并要为维护和操作设备的人员留出足够的活动空间。

③ 要能够保证机头、机尾的快速移置，缩短端头作业时间，提高开机率。

端头支护主要有：单体支柱加铰接顶梁支护（为了在跨度大处固定顶梁铰接点，可采用双钩双楔梁，或将普通铰接顶梁反用，使楔钩朝上）；用 4～5 对长梁加单体支柱组成的迈步走向抬棚支护；用基本支架加走向迈步抬棚支护。除机头、机尾处外，在工作面端头原平巷内可用顺向托梁加单体支柱或十字铰接顶梁加单体支柱支护。

3. 推移工作面刮板输送机

采煤机割煤后，在距采煤机 12～15 m 处，操作与刮板输送机配套的专用推移千斤顶向煤壁方向推移刮板输送机，推移步距与采煤机截深相一致，并使输送机平、直且符合要求。

4. 采空区处理

目前，走向长壁普采工作面采空区的处理主要采用全部垮落法。就是当工作面支架的控顶距离达到作业规程规定的最大控顶距时，将靠近采空区的一排或两排支架撤掉，让顶板垮落，这就是所谓的回柱放顶。在多数情况下，采空区的垮落矸石能起到支撑上方基本顶、缓和基本顶来压的作用。采用充填法处理采空区的工作面，采空区处理由回柱充填工序完成。

（三）综合机械化采煤工艺

综合机械化采煤工艺，是指用机械方法破煤、装煤，输送机运煤和液压支架支护的采煤工艺，简称综采。综采工艺的特点是落煤、装煤、运输、支护、采空区处理等主要工序全部实现机械化。综采和普采最大的区别是综采使用了自移式支架支护顶板，解决了支护与回柱放顶人工操作的难题，实现了支护与采空区处理的机械化。综采的优点是劳动强度低、产量高、效率高、安全条件好。

1. 综采工作面设备

综采工作面设备主要包括滚筒采煤机（或刨煤机）、液压支架、可弯曲刮板输送机、桥式转载机、可伸缩带式输送机、乳化液泵站、供电设备、集中控制设备、单轨吊车以及其他辅助设备等。综采工作面设备的配套很关键，尤其应使采煤机、输送机和液压支架这三大设备（简称“三机”）均符合工作面的生产条件，并在生产能力、设备强度、空间尺寸等方面配套。

2. 采煤工艺

综采工作面各种设备在采煤工作面中，按一定的生产工艺流程协调进行，发挥各自的作用。

（1）落煤与装煤

综采落煤、装煤工作与普采相似，但在采煤机工作方式上有所区别。综采工作面一般主要采用双向割煤、往返一次进两刀的割煤方式和斜切式进刀方式。

(2) 运煤

采煤机采落的煤由工作面重型可弯曲刮板输送机运到工作面的下端，转载到工作面下端所铺设的桥式转载机上，经运输平巷中所铺设的可伸缩带式输送机，运到采区运输上山(下山)的带式输送机上，然后运往采区煤仓。随着工作面向前推进，转载机和可伸缩带式输送机也不断交替推移前进。

(3) 输送机和支架的移动

支架型式不同，则移架和推移输送机的方式也不同。整体式支架移架和推移输送机共用一个液压千斤顶，连接支架底座和输送机槽，两者互为支点，进行推移输送机和前拉支架。迈步式自移支架的移动，依靠本身两框架互为支点，用一个千斤顶推拉两框架分别前移，然后另一个千斤顶推移输送机。

(4) 支护

综采工作面主要采用自移式液压支架来支撑顶板，维护工作空间。根据液压支架与围岩的相互作用方式不同，液压支架可分为支撑式、掩护式和支撑掩护式 3 种基本类型。

① 液压支架的支护方式

根据液压支架的型式、结构、移动方式和支护条件不同，可分为超前支护、及时支护和滞后支护 3 种。

a. 超前支护，是指煤壁片帮严重，不等采煤机割煤，支架就提前向前推移，使煤壁片帮后暴露的顶板得到提前支护。

b. 及时支护，是指采煤机割煤后先移支架，再移输送机，推移步距等于采煤机截深，其采煤工艺过程为采煤、移架、推刮板输送机。

c. 滞后支护，是指采煤机割煤后，输送机首先逐段移向煤壁，随后前移液压支架，两者移动步距相同，其采煤工艺过程为采煤、推刮板输送机、移架。

② 液压支架的支护速度与移架步距

通常把沿工作面长度方向推移支架的速度称为液压支架的支护速度。就及时有效控制顶板而言，支护速度越快对安全越有利。

液压支架的移架步距应该和采煤机截深及输送机的推移步距一致。当煤壁留有探头煤或因采煤机飘刀而留有底煤时，往往会使输送机和支架移动步距不满足要求，使煤壁前的空顶距离加大，这时就可能造成顶板破碎、掉矸，甚至局部冒顶事故。因此，在生产中要采取适当措施，以防止上述现象的发生。

③ 综采工作面端头支护

工作面的上、下出口处悬顶面积大，机械设备多，又是材料和人员出入的交通口，所以必须要加强维护。由于各个综采工作面端头的实际情况差别很大，所以必须针对具体条件采取不同的支护方式。综采工作面端头支护方式主要有端头支架支护、普通液压支架支护、内注液式单体液压支柱支护 3 种：

a. 端头支架支护。这类支架的特点是加长顶梁、底座，可将转载机机尾置于支架底座上。一般多用于综采工作面上端头紧挨机巷上帮，与排头支架侧护板紧贴。该支护方式移动速度快，但对平巷条件适应性差。

b. 普通液压支架支护。这类支护多用于工作面的上、下端头。适用于煤层倾角较小的综采工作面，通常在机头(尾)处滞后于工作面中间支架 1 个截深。

c. 内注液式单体液压支柱支护。这类支护主要有组合大抬棚支护、内注液式单体液压支柱配合十字铰接顶梁支护等。该支护方式适应性强，有利于排头液压支架的稳定，但支设费工费时。

④ 采空区处理

综采工作面一般主要采用垮落法处理采空区。因液压支架具有切顶性能强(支撑式)、掩护作用好(掩护式)、种类多等优点，所以一般不采用局部充填和煤柱支撑法。对极坚硬顶板可采取高压注水软化顶板、爆破强制放顶等方法进行处理。

3. 综采工作面正规循环作业

综采工作面正常生产时工艺流程如下：进刀→割煤→移架→推移

刮板输送机。

(1) 采煤机进刀方式

综采工作面多采用端头割三角煤斜切进刀的方式,如图 6-16 所示。

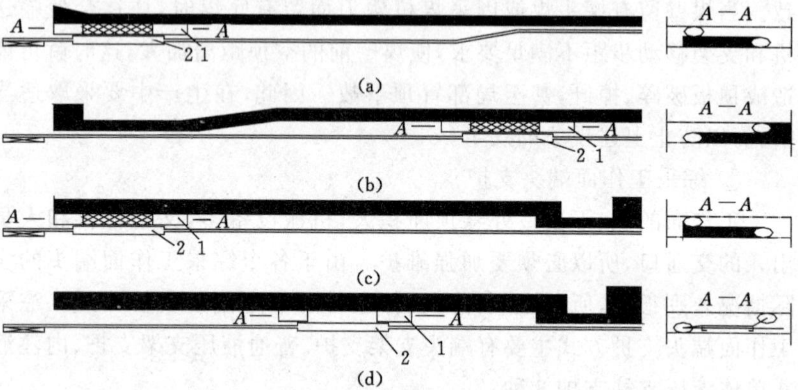

1—综采面双滚筒采煤机;2—刮板输送机。

图 6-16　综采工作面端部割三角煤斜切进刀

当采煤机将上一刀煤割通后,留 20 架支架停止追机作业;前滚筒(前进方向的滚筒)下降割底煤,后滚筒上升割顶煤,退出距输送机机头 30 m 之处停机;使用退出段支架推输送机,使采煤机前滚筒再次升起,后滚筒下降,采煤机向输送机机头割煤;割通后,调整前滚筒上升割顶煤,后滚筒下降割底煤,采煤机开始由刮板输送机机头向机尾方向正常割煤;当采煤机割到机尾时,斜切进刀方式与机头相同。

(2) 割煤

正常情况下,采煤机前滚筒割顶煤,后滚筒割底煤,依靠后滚筒转动自行装煤,剩余的煤由铲板在推刮板输送机时自行装入刮板输送机。割煤时严格控制采高,顶煤、底板必须割平且不留底煤,将煤壁割成直线。采煤机割煤速度应均匀,不要忽快忽慢。

(3) 移支架(擦顶移架)

移支架的操作顺序为:收护帮板→降大柱(200 mm 以内)→移支架→升大柱→打开护帮板。

移架时，以支架前移为宜，大柱下降控制在 200 mm 以内，防止咬架或漏顶煤。如机道顶煤破碎，则必须将支架护帮板伸出护住机道新露出的顶煤，防止机道漏顶。移架后，支架要呈直线，并控制最小端面距不得大于 340 mm。升架时，支架必须接顶、升紧，初撑力达到 24 MPa。移架滞后采煤机后滚筒不得超过 5 m，否则必须停机，等待移架。

(4) 推移刮板输送机

刮板输送机滞后采煤机后滚筒 15 m 以外推入，跟机分段推入，保证输送机呈直线，弯曲段长度不得低于 15 m，不得出现急弯，以防止出现断连接环、哑铃销或溜槽错口。

(四) 综合机械化放顶煤采煤工艺

综合机械化放顶煤采煤工艺，是对厚煤层使用综采设备进行整层开采的采煤工艺，可对特厚煤层(煤层厚度一般为 6～12 m)进行整层开采。该工艺是在煤层底部或煤层某一厚度范围内的底部布置一个采高为 2～3 m 的长壁工作面，使用常规采煤方法进行采煤，并利用矿山压力作用或辅以松动爆破等方法，在工作面推进后将上部顶煤破碎冒落，并利用放顶煤支架将冒落顶煤予以回收，由工作面后部刮板输送机运出。

1. 放顶煤采煤方法的分类

按照煤层赋存条件及相应的采煤工艺，放顶煤采煤法分为 3 种方法，如图 6-17 所示。

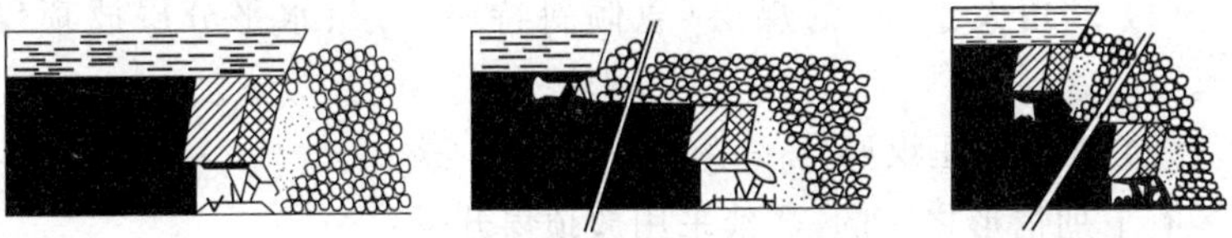

(a)　(b)　(c)

图 6-17　放顶煤采煤工艺

(a) 一次采全厚放顶煤；(b) 预采顶分层网下放顶煤；(c) 倾斜分层放顶煤

(1) 一次采全厚放顶煤

沿煤层底板布置综采放顶煤长壁工作面，一次采放出全部厚度煤层。

（2）预采顶分层网下放顶煤

将煤层划分为两个分层，沿煤层顶板下先布置一个 2～3 m 的顶分层综采放顶煤长壁工作面。顶分层工作面采煤铺网后，再沿煤层底板布置一个与顶分层同样的综采放顶煤工作面，进行常规采煤并将两个工作面之间的顶煤放出。一般适用于厚度 12～14 m 及以上，直接顶坚硬或煤层瓦斯含量高，需预先抽采瓦斯的缓斜煤层。

（3）倾斜分层放顶煤

煤层厚度在 12～14 m 及以上，将煤层沿倾斜方向分为两个以上厚度在 6～8 m 及以上的倾斜分层，依次放顶煤开采。

2. 适用条件

综采放顶煤开采一般应符合下列条件：

（1）煤层倾角小于 15°或近水平。

（2）煤质较松软，层节理发育，顶煤易于破碎冒落。中间没有不易破碎的夹石层及硬煤层（$f<3.0$）。

（3）直接顶较厚，且能随采随冒，自然发火期在 3 个月以上，无瓦斯突出等。

《煤矿安全规程》规定：放顶煤工作面严禁采用木支柱、金属摩擦支柱支护方式。

有下列情形之一的，严禁采用单体液压支柱放顶煤开采：

（1）倾角大于 30°的煤层（急倾斜特厚煤层、水平分层放顶煤除外）。

（2）冲击地压煤层。

有下列情形之一的，严禁采用放顶煤开采：

（1）煤层平均厚度小于 4 m 的。

（2）采放比大于 1∶3 的。

（3）采区或工作面回采率达不到矿井设计规范规定的。

（4）煤层有煤（岩）和瓦斯（二氧化碳）突出危险的。

（5）坚硬顶板、坚硬顶煤不易冒落，且采取措施后冒放性仍然较差，顶板垮落充填采空区的高度不大于采放煤高度的。

(6) 矿井水文地质条件复杂，采放后有可能与地表水、老窑积水和强含水层导通的。

3. 综采放顶煤的工艺特点

(1) 适用于厚度 5 m 以上、煤质较软、顶板易垮落的煤层。

(2) 简化巷道布置，减少巷道掘进工作量。

(3) 提高采煤工效、降低吨煤生产费用等。

(4) 采出率较低、煤炭自然发火控制比较困难。

4. 综放工作面正规循环作业

综放工作面正常生产时工艺流程如下：进刀→割煤→移架→推移前输送机→放煤→拉后部输送机。

(1) 采煤机进刀方式

综放工作面多采用端头割三角煤斜切进刀的方式，如图 6-18 所示。

当采煤机将上一刀煤割通后，留 20 架支架停止追机作业，以防割前探梁；前滚筒下降割底煤，后滚筒上升割顶煤，退出距输送机机头 30 m之处停机；使用退出段支架推前部输送机，放 4～20 号支架的顶煤，将采煤机前滚筒再次升起，后滚筒下降，采煤机向输送机机头割煤；割通后，调整前滚筒上升割顶煤，后滚筒下降割底煤，采煤机开始由刮板输送机机头向机尾方向正常割煤；当采煤机割到机尾时，斜切进刀方式与机头相同。

(2) 割煤

正常情况下，采煤机前滚筒割顶煤，后滚筒割底煤，依靠后滚筒转动自行装煤，剩余的煤由铲板在推刮板输送机时自行装入前部输送机。割煤时严格控制采高，顶煤、底板必须割平且不留底煤，将煤壁割成直线。采煤机割煤速度视后部输送机放煤量多少而定，防止前后输送机量过多，影响带式输送机运输。

(3) 移支架(擦顶移架)

移支架的操作顺序为：收前探梁→降主顶梁(200 mm 以内)→移支架→升主顶梁→伸前探梁。

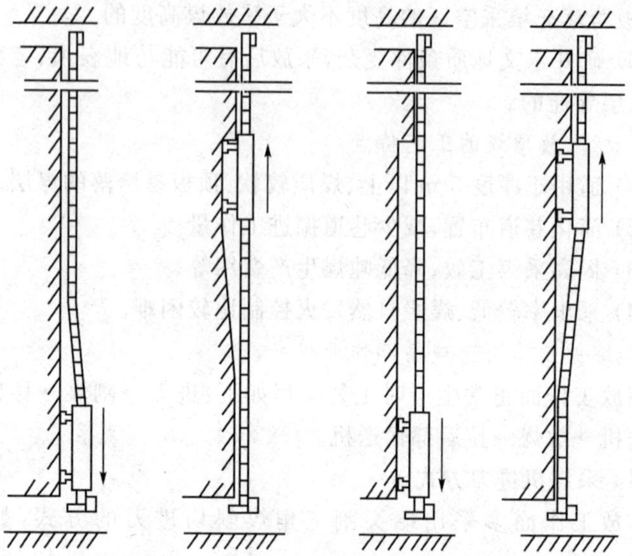

图 6-18　综放工作面端部割三角煤斜切进刀方式

(a) 开始;(b) 上行进刀,移机头;(c) 下行割煤;(d) 移机头、上行割煤

移架时,以能使支架前移为宜,主顶梁下降控制在 200 mm 以内,防止咬架或漏顶煤。如机道顶煤破碎,则必须将支架前伸梁伸出护住机道新露出的顶煤,防止机道漏顶。移架后,支架要呈直线,并控制最小端面距不得大于 340 mm。升架时,支架必须接顶、升紧,初撑力达到 24 MPa。移架滞后采煤机后滚筒不得超过 5 m,否则必须停机,等待移架。

(4) 推前部输送机

前部输送机滞后采煤机后滚筒 15 m 以外推入,跟机分段推入,保证输送机呈直线,弯曲段长度不得低于 15 m,不得出现急弯,以防出现断连接环、哑铃销或溜槽错口。

(5) 放顶煤

由支架反复支撑及尾梁的上下摆动等综合方式松动顶煤,支架尾梁摆动配合伸缩插板低位放顶煤。放顶煤支架位置由上、下端头第4架开始(上、下端头留3架不放)。工作面采用割一刀煤放一茬顶煤的作业方式,循环进度为0.5 m。

放顶煤采用多轮间隔顺序放煤的方法,两个放煤工相距5架支架,第一个人放偶数(4号、6号、8号……),第二个人放奇数(5号、7号、9号……),放顶煤工序与割煤间距不少于10 m。放顶煤工不得一次将回转梁收回最大角度,且放煤过程中要相互配合,尽量不让或少让顶煤流至刮板输送机之外。当有大块煤卡在放煤口影响放煤时,则反复摆梁,使大块煤破碎;当发现矸石时,及时将回转梁伸出,防止矸石混入煤中,严格执行“见矸关窗”的原则。靠近端部的放顶煤工要根据后部输送机上的煤量适当控制放煤量。

(6) 拉后部输送机

放完煤后,拉后部输送机与推前部输送机相同,分段拉回,拉后部输送机后保证其呈直线,不得出现急弯,以防出现断连接环、哑铃销或溜槽错口。放煤结束后可将后输送机收回,移设后输送机时要在运行中进行,防止后输送机被煤压死。

三、采煤新技术、新工艺

(一) 急倾斜煤层采煤法

我国煤矿使用过多种采煤方法开采急倾斜煤层,下面就比较常用的几种方法做简要介绍。

1. 倒台阶采煤法

倒台阶采煤法的工作面沿倾斜方向呈倒台阶布置,其目的在于充分利用工作面长度,使工人在各个台阶阶檐的保护下,多点同时作业。工作面落煤一般采用风镐或炮采,落煤一般先从上隅角开始,然后逐级沿台阶面向下采,每班进2～4排柱,排距为0.8～0.9 m。倒台阶工作面一般采用顺板棚子,采空区处理多用全部垮落法。

工作面采出的煤沿工作面自溜,经溜煤眼到区段运输巷,使用输送机运至采区溜煤眼,下放至采区石门后装车外运至井底车场。

新鲜风流经行人眼、运料眼、区段运输巷进入采煤工作面,然后经回风巷、采区回风石门排至区段回风平巷。

工作面所需的材料、设备一般由回风石门运入，沿回风巷送至工作面。下区段工作面用料，可由运料眼中安装的小绞车提升至区段回风巷道，再送至各采煤工作面。

工作面长度为 40～50 m，一般由 2～3 个台阶组成，台阶长度一般为 10～20 m。

倒台阶采煤法的优点是巷道系统简单，掘进率低，采出率高，通风方便。但是，这种采煤方法生产工艺复杂、工作面支护和顶板控制工作量大、操作不便、坑木消耗量大、安全条件差、工作面难以实现机械化。因此，近年来这种采煤方法的使用已逐渐减少。

当煤层不适宜用掩护支架开采时，厚度 2 m 以下的煤层也可采用倒台阶采煤法。

2. 正台阶采煤法

正台阶采煤法是在急倾斜煤层的阶段或区段内沿倾斜或伪斜方向布置正台阶形工作面而沿走向推进的采煤方法。沿伪斜方向布置正台阶工作面的正台阶采煤法又称伪斜短壁采煤法或斜台阶采煤法。

该采煤法是将一个在上下区段平巷之间的伪斜长壁工作面分为若干个短壁工作面，短壁工作面呈正台阶状布置。每个短壁工作面沿倾斜长 5 m 左右。短壁工作面上方利用木支柱、竹笆护顶，使采空区垮落矸石形成的垫层构成人工顶板以隔离采空区。人工顶板与伪斜煤壁之间为一小巷，作为短壁工作面行人、运料、通风、溜煤的通道。

短壁工作面使用风镐落煤，采落的煤先堆积于其下部伪斜小巷的溜煤槽内。各小巷内设挡煤板，当煤堆积到一定高度时，停止采煤，开始从下向上去掉挡煤板放煤。为防止煤炭窜到人工顶板上造成损失，可挂一输送带挡煤板，将煤流落到伪斜小巷内。

采用木支柱支护时，木支柱支在沿顶底板的护板上，排距和柱距为 0.8～1.0 m。人工顶板支柱支在柱窝内，上有短梁，支柱上仰 5°。

短壁工作面用人工回柱，回撤工作面支柱前先补人工顶板柱和加强支柱，再铺上竹笆，然后按矸石堆积的斜面自下而上由采空区向煤壁回收支柱，并使矸石滚到新铺的人工顶板上。放顶时，短壁工作面停止生产，并挡住上短壁工作面的煤流，使回柱放顶与采煤交替进行。各短壁工作面每班推进两排并回柱两排，实行一班一循环、昼夜多循环方式。

这种采煤方法的优点是工作面位于采空区下方，不会积聚瓦斯，为采空区抽采瓦斯创造条件；工作面浮煤少，采出率高，减少了采空区自然发火的隐患；对煤层厚度和倾角变化多、瓦斯含量大等地质条件适应性较强；巷道布置简单、掘进率低。其缺点是短壁工作面多，溜煤相互干扰，工作面利用率低；伪斜小巷断面小，煤尘大；落煤方法、支护设备有待改进；片帮滑底事故仍未能完全杜绝。

这种采煤方法适用于煤厚、倾角有变化或有小构造、厚度在 2.4 m 以下、不宜使用伪斜柔性掩护支架采煤法的急倾斜煤层。

3. 水平分层及斜切分层采煤法

(1) 水平分层采煤法

水平分层采煤法就是沿水平面把煤层划分成若干分层，并在每个分层中布置准备巷道及采煤工作面，然后依次进行回采，采煤工作面一般沿走向推进。

水平分层采煤法分层间的开采顺序及采空区处理方法，有下行垮落法和上行(下行)充填法。我国煤矿普遍采用的是下行垮落法。

(2) 斜切分层采煤法

斜切分层和水平分层工作面的回采工作基本上是一样的，包括落煤、装煤、架支架、铺设人工顶板、回柱放顶等工序。工作面落煤一般采用打眼爆破或用风镐。工作面支架多采用金属支柱和金属铰接顶梁，顶梁垂直工作面布置。人工顶板材料目前一般使用荆笆、竹笆，也可使用金属网。

(3) 水平分层及斜切分层采煤法的优缺点

水平分层及斜切分层采煤法的主要优点是对煤层地质条件适应性强，能适应煤层倾角和厚度的变化，采出率较高。这种采煤法的主要缺点是巷道布置和通风系统复杂，巷道掘进量大，回采工序多，通风运料困难，工作面劳动强度大，特别是水平分层工作面，人工攉煤的劳动繁重，煤炭的产量、效率较低，材料消耗较多。对厚度大于 2 m 的急倾斜煤层，由于倾角、煤厚变化而不能采用伪斜柔性掩护支架采煤法时，可以采用水平分层采煤法，而斜切分层采煤法则适用于更厚的急倾斜煤层。

4. 伪倾斜柔性掩护支架采煤法

伪倾斜柔性掩护支架采煤法的特点是采煤工作面呈直线形，按伪倾斜方向布置，沿走向推进，用柔性掩护支架隔离采空区与回采空间，工作人员在掩护支架的保护下进行采煤工作。

5. 水平分段放顶煤采煤法

在急倾斜特厚煤层中，水平分段放顶煤采煤法类似于水平分层采煤法，其差别是按一定高度划分分段，在分段底部采用水平分层采煤法的落煤方法(机采或炮采)，分段上部的煤炭由采场后方放出运走。这样，各段依次自上而下采用放顶煤采煤工艺进行回采。

急倾斜煤层综采放顶煤的采煤工艺过程及其参数选择的原则与缓斜煤层放顶煤采煤法基本相同。采煤工艺过程为割煤、移架、推移输送机和放顶煤，一般割煤进刀量为 0.5 m。放煤自底板向顶板方向依次进行，放煤方式与缓斜放顶煤时大体相同，可以采用多轮顺序或单轮间隔顺序。顶煤高度较大、顶煤裂碎不充分时，一般采用多轮放煤。为了发挥综采设备效能，一般工作面长度宜大于 25 m。

(二) 大采高一次采全厚采煤法

大采高一次采全厚采煤是采用大型机械一次性开采 3.5～6 m 厚煤层的长壁采煤法。受工作面稳定性的限制，适用于倾角较小的煤层；受采高的限制，一般采用综合机械化采煤工艺。大采高一次采全厚采煤法的生产工序主要包括割煤、移架和推移输送机。

大采高一次采全厚采煤法的应用，改善了煤炭开采的工作环境，避免了煤炭的大量丢失，节约了开采时间，提高了煤炭的开采量和工作效率，使煤炭的回采率得到提高，为企业的长远发展提供了可靠保障。

(三)“三下一上”采煤法

“三下一上”采煤是指在建筑物下、铁路下、水体下和承压水体上采煤。在建筑物下和铁路下采煤时，既要保证建筑物和铁路不受开采影响而破坏，又要保证尽量多采出煤炭。在水体下和承压水体上采煤时，要防止矿井发生突水事故，保证矿井安全生产。

(四) 低透气性煤层群无煤柱煤与瓦斯共采关键技术

(1) 沿空留巷围岩结构稳定性控制技术

理论研究和工程实践表明，长壁工作面自开切眼向前推进一段距离后，悬露的基本顶关键块体出现断裂，断裂线相互贯通。块体沿断裂线回转、下沉，进而形成结构块，接触矸石后形成能够自稳的沿空留巷外层结构，称为外层大结构。沿空留巷内层支护围岩的小结构如果只由巷道周围锚杆支护、巷旁充填墙体构成，该结构将在外层大结构形成过程中受到强烈的破坏，有可能不能自稳。由此提出阶段性辅助加强的创新思路，形成巷道组合锚杆支护、巷旁充填墙体、巷内辅助加强支架"三位一体"的沿空留巷围岩整体支护原理，以及一套新型"三高"锚杆支护与自移式强力控顶支架辅助补强的留巷支护技术体系。

"三高"锚杆支护技术以抗剪切的超高强度杆体、高预紧力、高刚度为核心，选择超强杆体、高刚度护网、超大托盘、超强大扭矩阻尼螺母实施大扭矩高预应力，提升主动承载能力，并向围岩扩散，形成高强、主动、高阻、稳定的锚杆支护围岩承载结构。

(2) 快速巷旁充填技术

留巷支护技术体系中采用的自移式辅助加强支架系自主研发，现已形成系列产品，可以成功解决不同开采条件下的巷道围岩稳定控制问题。该支架采用液压支架结构设计，支护强度高、护顶面积大并具有自移功能。

(3) 留巷钻孔法瓦斯抽采技术

① 首采关键层顶板采空区富集瓦斯抽采技术；

② 大间距上部远程煤层膨胀卸压瓦斯抽采技术；

③ 煤层群多层开采底板卸压瓦斯抽采技术；

④ 采空区埋管抽采瓦斯技术。

开采煤层适用条件：薄及中厚煤层；倾角 0°～25°；顶板为中等稳定以上；单一或煤层群开采；顶板稳定性较差的工作面，走向长度小于或等于1 500 m；顶板稳定工作面采用加固措施后，工作面走向长度可适当延长至 3 000 m 左右。

第六节 煤矿通风

学习目标

1. 熟悉矿井通风的任务。
2. 熟悉地面空气的主要成分。
3. 熟悉矿井空气的主要成分。
4. 熟悉矿井空气中的有害气体。
5. 熟悉《煤矿安全规程》对矿井空气成分的有关规定。
6. 熟悉矿井通风方式。
7. 熟悉矿井通风方法。

相关知识

一、矿井通风的任务

煤矿生产是地下作业,环境条件复杂;生产过程中有害气体和矿尘的大量产生,以及水分的蒸发和散热作用等因素的影响,使进入矿井空气的成分、温度、湿度等发生了一系列的变化,形成恶劣的气候条件。因此,为了保护煤矿职工的身体健康和生命安全,减少事故的发生,保证正常生产,必须对矿井进行通风。

矿井通风的任务:向井下供给足够的新鲜空气,满足井下人员的需要;冲淡和排出有害气体和浮游矿尘,使之达到安全浓度以下,保证安全生产;调节井下的温度和湿度,提供井下适宜的气候条件,创造良好的生产环境;提高矿井的抗灾能力。

矿井空气是指矿井井巷内的空气。矿井空气的来源是地面空气。地面空气进入井下之后,在井巷中与自然涌出和生产过程中产生的气体、矿尘及水蒸气等混合后成为矿井空气。

二、地面空气的主要成分

地面空气主要由氧气、氮气和二氧化碳等组成,按体积计算,氧气占21%,氮气占78%,二氧化碳占0.04%。此外,还含有稀有气体、水蒸气和灰尘等。

三、矿井空气的主要成分

矿井空气的主要成分虽然仍是氧气、氮气和二氧化碳等,但与地面空气相比成分上发生了变化,这些变化主要是:

(1) 氧气含量降低了。这是因为井下人员的呼吸和各种物质的氧化作用消耗了氧气,同时在生产过程中产生的各种有害气体相对降低了空气中氧气的含量。

(2) 混入了井下产生的各种有害气体。

(3) 混入了煤尘、岩尘等。

(4) 空气的温度、湿度和压力也都发生了变化。

四、矿井空气中的有害气体

矿井空气中有害气体的种类很多,按其性质可分为以下三类:

(1) 爆炸性气体:这类气体在具备一定条件时可发生爆炸。如瓦斯、一氧化碳、硫化氢、氢气等。

(2) 窒息性气体:这类气体本身无毒,但在空气中含量增加时,能使空气中氧气含量相对降低,从而造成人员缺氧窒息。如氮气、二氧化碳、瓦斯等。

(3) 有毒性气体:主要有一氧化碳、二氧化氮、二氧化硫、硫化氢、氨气等。这些气体中,除一氧化碳会使人体血液缺氧造成中毒死亡外,其余各种气体均为刺激性气体,对人体作用的共同点是对眼、鼻、呼吸道黏膜乃至中枢神经系统有较强的刺激作用。刺激作用过强时,会引起全身反应,直至造成死亡。

五、《煤矿安全规程》对矿井空气成分的有关规定

空气中氧气含量的降低和有害气体的增加会对人体健康和生命安全造成严重危害,因此,《煤矿安全规程》对井下空气中氧气的含量及各种有害气体的浓度都做出了明确规定。

《煤矿安全规程》第135条规定:采掘工作面的进风流中,氧气浓度不低于20%,二氧化碳浓度不超过0.5%。

《煤矿安全规程》第167条规定:井下充电室风流中以及局部积聚

处的氢气浓度,不得超过0.5%。

《煤矿安全规程》第171条规定:矿井总回风巷或一翼回风巷中甲烷或二氧化碳浓度超过0.75%时,必须立即查明原因,进行处理。

《煤矿安全规程》第172条规定:采区回风巷、采掘工作面回风巷风流中甲烷浓度超过1.0%或二氧化碳浓度超过1.5%时,必须停止工作,撤出人员,采取措施,进行处理。

《煤矿安全规程》第173条规定:采掘工作面及其他作业地点风流中甲烷浓度达到1.0%时,必须停止用电钻打眼;爆破地点附近20 m以内风流中甲烷浓度达到1.0%时,严禁爆破。采掘工作面及其他作业地点风流中、电动机或其开关安设地点附近20 m以内风流中的甲烷浓度达到1.5%时,必须停止工作,切断电源,撤出人员,进行处理。采掘工作面及其他巷道内,体积大于0.5 m^3的空间内积聚的瓦斯浓度达到2.0%时,附近20 m内必须停止工作,撤出人员,切断电源,进行处理。对因甲烷浓度超过规定被切断电源的电气设备,必须在甲烷浓度降到1.0%以下时,方可通电开动。

《煤矿安全规程》第174条规定:采掘工作面风流中二氧化碳浓度达到1.5%时,必须停止工作,撤出人员,查明原因,制定措施,进行处理。

《煤矿安全规程》第176条规定:局部通风机因故停止运转,在恢复通风前,必须首先检查瓦斯。只有停风区中最高甲烷浓度不超过1.0%和最高二氧化碳浓度不超过1.5%,且局部通风机及其开关附近10 m以内风流中的甲烷浓度都不超过0.5%时,方可人工开启局部通风机,恢复正常通风。停风区中甲烷浓度超过1.0%或者二氧化碳浓度超过1.5%,最高甲烷浓度和二氧化碳浓度不超过3.0%时,必须采取安全措施,控制风流排放瓦斯。停风区中甲烷浓度或二氧化碳浓度超过3.0%时,必须制定安全排瓦斯措施,报矿总工程师批准。

六、矿井通风方式

根据矿井进风井与出风井之间的相互关系,矿井通风方式可分为中央式、对角式和混合式三种。

1. 中央式通风

进、回风井大致位于井田中央的通风方式为中央式通风。若进风井与回风井均位于井田中央，且相距很近时(一般为 30～50 m)，则称为中央并列式通风；若进风井位于井田中央，回风井位于井田走向中央上部边界上，则称为中央分列式通风。

2. 对角式通风

进风井大致位于井田中央，回风井在两翼的通风方式称为对角式通风。若回风井位于井田两翼上部边界，则称为两翼对角式通风；若各采区均开回风井，不开主要回风巷，则称为分区对角式通风。

3. 混合式通风

井田中央和两翼边界均有回风井的通风方式，即由中央式和对角式两种方式组成的综合通风方式称为混合式通风。

不同的通风方式有不同的优缺点，应根据各矿井开拓方式及生产布置的不同选用不同的通风方式。

七、矿井通风方法

矿井通风方法以风流获得的动力来源不同分为自然通风和机械通风两种。利用自然因素产生的通风动力，使空气在井下巷道中流动的通风方法称为自然通风。利用通风机运转产生的通风动力，使空气在井下巷道中流动的通风方法称为机械通风。在机械通风的矿井中，通风机的工作方式分抽出式和压入式两种。

井下掘进巷道只有一个出口，也就是独头巷道，解决独头巷道的通风问题，叫作局部通风或掘进通风。可以利用矿井总风压通风、局部通风机通风和水力引射器通风。局部通风机通风是掘进巷道时采用的主要通风方法。根据局部通风机安装位置不同分为压入式、抽出式和混合式三种。

这三种方式相比较，压入式通风设备简单，通风效果好，安全性高，适宜各类掘进工作面，是目前采用最广泛的一种局部通风方式。

局部通风机安装使用时应注意以下问题：

(1) 局部通风机必须由指定人员负责管理，任何人不得随意停、开，保证正常运转，并使用低噪声局部通风机或安设消音器。

(2) 压入式局部通风机和启动装置,必须安装在进风巷道中,距回风口不小于10 m。局部通风机的吸风量必须小于全风压供给该处的风量,以免发生循环风。

(3) 局部通风机供电和闭锁装置应符合《煤矿安全规程》的有关规定。

恢复掘进面通风前,必须检查瓦斯。压入式局部通风机及其开关附近10 m以内风流中的瓦斯浓度均不超过0.5%时,方可人工启动局部通风机。

独头巷道恢复正常通风后,必须由电工对独头巷道中的电气设备进行检查,证实完好后,方可人工恢复有风流动巷道中的一切电源。

使用局部通风机进行通风的掘进工作面,无论工作还是交接班时,都不准停风。因停电、检修等原因停风时必须撤出人员,切断电源。

(4) 局部通风机实行挂牌管理,严禁使用2台以上(含2台)的局部通风机同时向一个掘进工作面供风。不得使用1台局部通风机同时向两个作业的掘进工作面供风。

第七节　煤矿智能化

学习目标

1. 了解煤矿智能化的概念。
2. 了解煤矿智能化建设的意义。

相关知识

一、煤矿智能化的概念

煤矿智能化是指在煤矿的开拓、采掘(剥)、运输、通风、洗选、安全保障、经营管理等主要系统中,具备以下四个基本能力:

自感知:能够对外界环境的变化进行实时的信息采集和识别。

自学习:通过收集和分析数据,实现对环境的自我学习和适应。

自决策:在接收到感知信息和外部输入后,能够自行做出合理的决策。

自执行:根据自决策的结果,自动采取相应的行动或措施。

简而言之,即煤矿智能化技术可以像人一样,感知外界环境,并进行分析、决策,最终根据决策结果,采取相应的行动或措施,从而实现工作目标。

这一概念不仅包括系统的这些基本能力,而且强调了智能化过程中的创新、协调、绿色、开放、共享的发展理念。煤矿智能化的最终目标是通过上述技术的深度融合,建立一个能够实现矿井开拓、采掘(剥)、运输、通风、洗选、安全保障、经营管理等全过程智能化运行的系统,创造出一种全新的全产业链运行新模式,即智慧煤矿。这种智慧煤矿与智慧社会、智慧城市、智慧交通等其他领域中的"智慧"概念有相似之处,都涉及利用现代科技手段推动整个体系的高效和可持续发展

二、煤矿智能化建设的意义

煤矿智能化将人工智能、工业物联网、云计算、大数据、机器人、智能装备等与现代煤炭开发利用深度融合,形成煤矿全时空多元信息实时感知、实时互联、分析决策、自主学习、动态预测、协同控制的智能系统,实现煤矿开拓、采掘(剥)、运输、通风、洗选、安全保障、经营管理等过程的智能化运行,对于提升煤矿安全生产水平、保障煤炭稳定供应具有重要意义。

(1) 能够实现煤矿生产本质安全。加快煤矿智能化建设,通过机械化换人、自动化减人、智能化无人,可减少高危岗位人员一半以上,条件好的矿井井下工作面无人采煤、少人值守,避免矿工直接面对灾害事故风险,减少人员误操作,大幅减少安全生产隐患,从根本上遏制重特大事故发生。

(2) 能够提升煤炭安全保障水平。加快煤矿智能化建设,提升煤矿柔性生产能力,可以根据市场供需形势灵活释放生产能力,增强供给质量和供给弹性。从近年煤炭保供情况看,实现机械化、自动化与智能化建设的大型先进煤矿发挥了骨干作用,是稳定煤炭供应的主力军。

(3) 能够助推能源低碳转型。在大规模低成本储能技术尚未突

破、以新能源占比逐渐提高的新型电力系统加快构建的情况下，仍需煤电及煤炭发挥调峰和兜底保障作用。加快煤矿智能化建设，可以提高煤矿绿色安全生产水平，形成部分生产能力储备，这样既可以更好地保证能源供需总量的平衡，还可以在水电来水偏枯、新能源出力波动以及不确定因素影响的情况下，及时弥补缺口，为能源绿色低碳转型提供有力支撑。

截至 2023 年 4 月初，全国已累计建成智能化采煤工作面 1 043 个、智能化掘进工作面 1 277 个，其中全国首批智能化示范煤矿累计建成智能化采煤工作面 363 个、智能化掘进工作面 239 个，涵盖产能 6.2 亿 t/a，单面平均生产能力达到 500 万 t/a，智能化建设总投资规模近 2 000 亿元，有力推动煤炭生产方式实现根本性变革。

第七章　入 井 常 识

第一节　煤矿从业人员入井须知

学习目标

1. 掌握入井前的准备事宜。
2. 掌握上、下井乘罐时应注意的事项。
3. 掌握井下乘车应注意的事项。
4. 掌握井下行走时应注意的事项。
5. 掌握交接班的相关规定。
6. 掌握井下工作中必须注意的事项。
7. 掌握井下人力推车必须遵守的规定。

相关知识

一、入井前的准备

（一）入井人员的基本条件

根据有关法律法规的规定，煤矿井下从业人员必须符合下列基本条件：

（1）身体健康，无职业禁忌证。凡是有下列病症的不得从事煤矿井下作业：

① 活动性肺结核和肺外结核病；

② 严重的上呼吸道或支气管疾病；

③ 显著影响肺功能的肺脏或胸膜病变；

④ 心、血管器质性疾病；

⑤ 经医疗鉴定，不适于从事粉尘作业的其他疾病；

入井前的准备

⑥ 风湿病(反复活动)；

⑦ 严重的皮肤病；

⑧ 癫痫病；

⑨ 精神分裂症；

⑩ 经医疗鉴定，不适于从事井下工作的其他疾病。

入井安全注意事项

(2) 年满 18 周岁且不超过国家法定退休年龄。

(3) 具有初中及以上文化程度。

(二) 煤矿入井人员行为规范

(1) 煤矿从业人员必须遵守入井的基本行为规范，以保证自己和他人的生命安全。

① 入井(场)人员必须佩戴安全帽等个体防护用品，穿带有反光标识的工作服。

② 入井人员必须随身携带自救器、标识卡和矿灯，严禁穿化纤衣服。

③ 煤矿职工要注意休息和饮食，下井前一定要睡好、吃饱，使精力充沛。入井前严禁喝酒，以免神志不清造成事故。

④ 严禁携带引火物下井，如烟草、火柴、打火机及带打火功能的电子表等。下井前一定要检查衣袋，将引火物放在井上安全地方，以免引起火灾和瓦斯爆炸。

⑤ 入井前，要准时参加班前会，认真听取工作安排和安全注意事项，以便采取妥善措施安全完成任务。

⑥ 入井前，必须准备好当班工具、材料和零配件。对随身携带有尖刃的工具一定要包好、绑牢或装入特制的保护套内，防止碰伤自己或他人。

⑦ 领取矿灯。矿灯是井下工人的眼睛，一定要做到正确地使用和爱护。每位入井人员，在入井前都要领一个矿灯。

（2）领取矿灯后的注意事项：

① 领到矿灯后，要详细认真检查，如发现有灯头损坏、灯锁失效、灯盒漏水、灯线破损、明线外露和灯光不亮等情况，都要进行更换。

② 矿灯不要提在手里或背在肩上，更不准提灯线，灯头要固定在矿帽上。

③ 矿灯应随身背戴，如必须放下时，应放在安全地点，防止碰砸损坏。不准将矿灯挂在电缆或电线上，以免引起事故。

④ 在井下，绝对不许敲打灯盒、灯头，不准打开灯头盒和电池盒盖，以免产生电火花引发事故。

⑤ 在井下遇到矿灯熄灭或损坏时，千万不要惊慌，更不准在井下打开修理。如果只有自己一人，应在原地等候工友到来，结伴出井；如多人一起，则应派专人升井更换。

⑥ 升井后，要按规定时间，及时将矿灯交还矿灯房。如果矿灯有问题应向矿灯房交代清楚，以便及时修理。

⑦ 在领取矿灯后，下井前还要领取自救器，并对自救器进行检查。

二、上、下井乘罐时应注意的事项

（1）上、下井时，要遵守井口、井底的管理制度，在指定地点等候乘罐。

乘坐罐笼的安全注意事项

（2）乘罐时，要服从井口把钩工的指挥，自觉接受井口检查人员的检查和劝告，排队按次序上、下罐笼，不得拥挤、争抢。

（3）必须在听到停车信号后，待井口把钩工打开井口安全门和罐门（或罐帘）后方可上、下罐笼。罐笼尚未停稳及未发出停车信号前，或发出开车信号后，均不得上、下罐笼。

（4）进入罐笼后不准打闹，要握紧扶手，手、脚和头以及随身携带的工具物品不准露出罐外。

（5）任何人员不准与携带火药、雷管的爆破工或火工品运送人员同罐上、下，也不准乘坐无安全盖的罐笼和装有设备材料的罐笼。

（6）上、下井乘坐吊桶时，必须系牢安全带，要面向外，任何部位都不准突出容器外缘。同时，吊桶的安全装置应齐全、良好。

三、井下乘车应注意的事项

《煤矿安全规程》规定，长度超过 1.5 km 的主要运输平巷和垂深超过 50 m 的人员上下的主要倾斜井巷，上下班时应采用机械运送人员。井下机械运送人员的方式有人车、架空乘人装置等。

1. 乘坐人车的注意事项

(1) 在斜巷或平巷乘车时，必须乘坐专门运送人员的人车，其他车辆(包括固定车厢式矿车、翻转车厢式矿车、底卸式矿车、材料车和平板车等)一概不准乘坐。

乘坐人车的安全注意事项

(2) 听从司机及乘务人员的指挥，不要拥挤，按规定人数乘坐，不准超员。

(3) 严禁在机车上或任何两车厢之间搭乘。

(4) 开车前必须关上车门或挂上防护链，人体及所带的工具、物品严禁露出车外。

(5) 列车行驶中或尚未停稳时，严禁上、下车和在车内站立，严禁扒车、跳车和乘坐矿车。

(6) 爆破工携带炸药时，要用专车分装运送，其他人员不许与其混乘。

(7) 车辆掉道时，必须立即向司机发出停车信号。

(8) 倾斜井巷的人车必须有跟车人，跟车人必须坐在设有手动防坠器把手或制动器把手的位置上。斜井人车必须设置使跟车人在运送途中任何地点都能向司机发送紧急停车信号的装置。

2. 倾斜井巷乘坐架空人车的注意事项

倾斜井巷乘坐架空人车时不应慌张，不要猛上猛下。运行中人员要坐稳、扶牢，不得引起吊杆摆动，不得手扶牵引钢丝绳，不得触及邻近的任何物品。严禁其他人员与携带爆炸物品的人员同时上、下。

乘坐架空人车的安全注意事项

四、井下行走时应注意的事项

(1) 在井下各种运输井巷里行走时，不要走在轨道当中，应走人行道或运输巷道行人的一侧。如果没有人行道，必须走绞车道时，要预先与把钩人员联系，经同意后，方能通行，做到行人不开车，行车不行人。如人员行走途中，一旦发现开车现象，要立即进入附近的躲避硐或向把钩工发出停车信号。

井下行走的
安全注意事项

(2) 在大巷行走时，要精神集中，注意避让来往车辆，过交叉道口要做到“一停、二看、三通过”。

(3) 在井下走路时，要戴好安全帽和矿灯，注意前方，拿好随身携带的物品，背着的不准超过头顶，扛着的要扛平，不要碰着架空线、电缆或其他人员等。

(4) 通过风门或风帘后，要随手关好，并切记不要把两道风门同时打开，以免扰乱风流，造成漏风，引起事故。

(5) 路过人员正在工作的地方，一定要先打招呼，以免掉物将人砸伤、碰伤。立井或斜井的井底不准行人通行，要绕道过去。溜煤眼不准行人在下口停留。

(6) 挂有“禁止通行”或危险警告标牌的地方，无论有无栏杆挡着，工作人员均不得进入。在井下最好两人以上同行，遇事可相互照应。没到过的、无风的井巷禁止进入，严禁在井下任何地方睡觉。不是自己责任范围内的设备、设施不准随意开动，要爱惜井下设备。

五、交接班的规定

井下影响安全的因素很多，而且情况时常在变化，如地质条件、顶板压力、瓦斯和设备情况等。为了保证安全生产，必须坚持执行现场交接班制度，并做到如下事项：

(1) 在工作地点或指定地点，按规定时间进行交接班。

(2) 对口交接：区(队)长向区(队)长交接，班(组)长向班(组)长交接，特种作业岗位向特种作业岗位交接，不准委托他人代替交接班。

(3) 交接班时，要以工作为重，既要团结友好，又要一丝不苟，不准推卸责任或故意挑剔对方毛病，按规定办事。

(4) 交接班时要共同检查、交接以下几点：

① 任务完成情况，工程规格质量情况；

② 工具、设备、设施和材料有无短缺和损坏，设备运转有无异常等；

③ 通风情况、瓦斯浓度、顶板压力和支护等安全情况；

④ 工作面有无水、瓦斯、煤的突出征兆和其他特殊现象；

⑤ 其他安全情况等。

(5) 对于交接班中的问题，一般应及时处理。大的问题必须马上报告上级，待接到指示后再按规定处理，达到安全要求后方能作业。

六、井下工作中必须注意的事项

(1) 要自觉爱护井下各种设备和设施。

(2) 对井下通风设备、设施和通风构筑物，不准随意损坏。通过风门后一定要随手关好，如就近有两道风门，切不可同时打开；局部通风机不许私自开停；运转的局部通风机，不得把手伸进去摸风叶；发现风筒损坏时要及时报告，由通风工进行补修。

(3) 井下机电硐室是要害场所，除专业工作人员或持有相关证件的人员外，其他人员不得随便进入。

(4) 对于井下设备，不准带电进行检修作业。检修前，必须切断电源，并挂有“有人工作，不准送电”牌，任何人不准摘下此牌或送电。井下电缆必须悬挂在巷道两帮上，如果发现电缆掉落在地上，要报告机电人员及时处理。

(5) 井下作业出汗后，不准站在风筒出风口或脱掉上衣光着膀子。不准在井下睡觉，工作期间休息或吃班中餐时，要找安全地点，以免发生危险。

(6) 井下工作必须遵守安全生产的相关法律、法规和煤矿“三大规程”的有关规定，杜绝“三违”现象，搞好安全生产。

七、井下人力推车必须遵守的规定

(1) 一次只准推 1 辆车，严禁在矿车两侧推车。同时推车的间距，在轨道坡度小于或等于 5‰时不得小于 10 m；坡度大于 5‰时不得小于 30 m。

(2) 推车时必须时刻注意前方。在开始推车、停车、掉道、发现前方有人或有障碍物时，或从坡度较大的地方向下推车以及接近道岔、弯道、巷道口、风门、硐室出口时，推车人必须及时发出警告。

(3) 严禁放飞车。当巷道坡度大于7‰时，严禁人力推车。

第二节　煤矿井下避灾路线

学习目标

1. 掌握安全出口知识。
2. 掌握井下安全避险系统知识。
3. 掌握煤矿井下避灾路线知识。

相关知识

一、安全出口

矿井建设期间的安全出口应当符合下列要求：

(1) 开凿或者延深立井时，井筒内必须设有在提升设备发生故障时专供人员出井的安全设施和出口；井筒到底后，应当先短路贯通，形成至少2个通达地面的安全出口。

(2) 相邻的两条斜井或者平硐施工时，应当及时按设计要求贯通联络巷。

每个生产矿井必须至少有2个能行人的通达地面的安全出口，各出口间距不得小于30 m。安全出口应当经常清理、维护，保持畅通。

采用中央式通风的新建和改扩建矿井，设计中应当规定井田边界的安全出口。新建、扩建矿井的回风井严禁兼作提升和行人通道，紧急情况下方可作为安全出口。

井下每一个水平到上一个水平和各个采(盘)区都必须至少有2个便于行人的安全出口，并与通达地面的安全出口相连。未建成2个安全出口的水平或者采(盘)区严禁回采。

井巷交岔点，必须设置路标，标明所在地点，指明通往安全出口的方向。

通达地面的安全出口和2个水平之间的安全出口，倾角不大于45°时，必须设置人行道，并根据倾角大小和实际需要设置扶手、台阶或者梯道。倾角大于45°时，必须设置梯道间或者梯子间，斜井梯道间必须分段错开设置，每段斜长不得大于10 m；立井梯子间中的梯子角度不得大于80°，相邻2个平台的垂直距离不得大于8 m。

二、井下安全避险系统

煤矿必须建立矿井安全避险系统，对井下人员进行安全避险和应急救援培训，每年至少组织1次应急演练。

煤矿安全避险六大系统包括：矿井监测监控系统、井下人员位置监测系统、井下紧急避险系统、矿井压风自救系统、矿井供水施救系统和矿井通信联络系统等。

矿井监测监控系统可以实现对煤矿井下瓦斯和一氧化碳浓度、温度、风速的动态监控，实现紧急情况下及时断电撤人；井下人员位置监测系统，可准确掌握各个区域作业人员的情况；救生舱、避难硐室等井下紧急避险系统，可实现井下灾害突发时的安全避险；矿井压风自救系统，确保灾变时现场作业人员有充分的氧气供应；矿井供水施救系统，在灾变后为井下作业人员提供清洁水源或必要的营养液；矿井通信联络系统，保持井上、井下和各个作业地点通信通畅。

所有井工煤矿必须按规定建设完善煤矿安全避险六大系统，入井人员必须会使用煤矿安全避险六大系统。

煤矿井下安全避险六大系统概述	煤矿井下安全设施

三、煤矿井下避灾路线

煤矿根据不同的灾变类型和灾害发生地点而制定的能使井下人员用尽量短的时间、从最近的距离撤到安全地点的路线，称为避灾路线。

煤矿井下作业人员必须熟知避灾路线，以便在发生灾害事故时能够安全撤离。

最佳的避灾路线必须满足 3 个条件：一是适合不同的灾害事故；二是安全条件好；三是撤离时间最短。

井下所有工作地点必须设置避灾路线。避灾路线指示应当设置在不易受到碰撞的显著位置，在矿灯照明下清晰可见，并标注所在位置。巷道交叉口必须设置避灾路线标识。巷道内设置标识的间隔距离：采区巷道不大于 200 m，矿井主要巷道不大于 300 m。

煤矿作业人员必须熟悉应急救援预案和避灾路线，具有自救互救和安全避险知识。井下作业人员必须熟练掌握自救器和紧急避险设施的使用方法。班组长应当具备兼职救护队员的知识和能力，能够在发生险情后第一时间组织作业人员自救互救和安全避险。

外来人员必须经过安全和应急基本知识培训，掌握自救器使用方法，经签字确认后方可入井。

第三节　煤矿矿用产品安全标志和井下安全警示标志

学习目标

1. 掌握煤矿矿用产品安全标志知识。
2. 掌握煤矿井下安全警示标志知识。

相关知识

一、煤矿矿用产品安全标志

2007 年 4 月 1 日实施的《矿用产品安全标志标识》(AQ 1043)中规定了矿用产品安全标志标识的分类、型式、尺寸、材质、颜色、管理及使用要求。矿用产品安全标志由矿用产品安全标志证书和矿用产品安全标志标识两部分组成。取得矿用产品安全标志的产品，只有加施标识后生产单位方可销售，使用单位方可采购和使用。

煤矿矿用产品安全标志标识的标准形式为六边形边框内加汉语拼音缩写“MA”，意为“煤安”，边框线表示可在全国煤矿范围内使用，数字代码为安全标志编号，如图 7-1 所示。

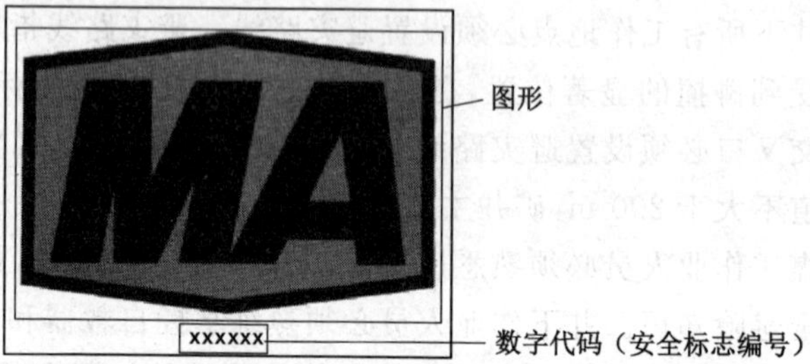

图 7-1 煤矿矿用产品安全标志标识

二、煤矿井下安全警示标志

安全标志是指井下悬挂或张贴的图文标志，目的是迅速引起煤矿井下作业人员对现场不安全因素的警觉并采取相应的措施，预防事故的发生。

2006 年 3 月 1 日施行的《煤矿井下安全标志》(AQ 1017)中规定了煤矿井下传递安全警示信息的安全标志，适用于各类井工开采的煤矿。

煤矿井下安全标志分为主标志和文字补充标志两类。主标志分为禁止标志、警告标志、指令标志和路标、名牌、提示标志。文字补充标志是主标志的文字说明或方向指示，只能与主标志同时使用。文字补充标志基本形式是矩形边框，放在主标志下方，也可放在左侧或右侧。文字补充标志的底色应与联用的主标志底色相统一，其文字的颜色，除警告标志用黑色外，其他标志均为白色。

煤矿井下安全标志牌位置应设在与安全有关的明显的地方，并保证工作人员有足够的时间注意它所表示的内容。煤矿井下安全标志牌应定期清洗，每季度至少检查一次。如有变形、损坏、变色、图形符号脱落、亮度老化等现象应及时修理或更换。

(1) 禁止标志是禁止或制止人们某种行为的标志。禁止标志为白底、红圈、红斜杠、黑图形符号。煤矿井下常用的禁止标志及设置地点见附表3-1。

(2) 警告标志是警告人们可能发生危险的标志。警告标志的基本形状为等边三角形,顶角朝上。警告标志为黄底、黑边、黑图形符号。煤矿井下常用的警告标志及设置地点见附表3-2。

(3) 指令标志是指示人们必须遵守某种规定的标志。指令标志基本形状为圆形。指令标志为蓝底、白图形符号。煤矿常用的指令标志及设置地点见附表3-3。

(4) 路标、名牌、提示标志是告诉人们目标、方向、地点的标志。路标、名牌、提示标志基本形状为长方形。路标、名牌、提示标志的颜色为绿底(红底或黄底)、白图案(黑图案)、白字或黑字。煤矿井下常用的路标、名牌、提示标志及设置地点见附表3-4。

禁止标志	警告标志	指令标志	路标、名牌、提示标志

第四节 常见"三违"行为及其危害

学习目标

1. 掌握"三违"的定义。
2. 掌握"三违"的危害。
3. 掌握"三违"常见的表现形式。
4. 掌握"三违"现象产生的主观原因。
5. 掌握提升安全意识,杜绝"三违"的相关内容。

相关知识

安全意识就是人们头脑中建立起来的生产必须安全的观念，也就是人们对生产活动中有可能对自己或他人造成伤害的外在环境条件的一种戒备和警觉的心理状态。

一、“三违”的定义

“三违”是指违章指挥、违章作业、违反劳动纪律的简称。“三违”极易导致事故，而事故带来的影响是深远的，损失是难以估量的，会对个人、家庭、企业、社会带来巨大的痛苦和损失。因此，要保障个人的安全健康和家庭的幸福、要保障企业的长治久安和社会的和谐稳定，就要预防各类事故的发生，而预防事故发生的关键就是杜绝违章。

(1) 违章指挥：是指违反国家的安全生产方针、政策、法律、法规、条例、规程、标准、制度及生产经营单位的规章制度和技术方案的指挥行为。

(2) 违章作业：是指在劳动过程中违反国家法律、法规和生产经营单位制定的各项规章制度，包括工艺技术、生产操作、劳动保护、安全管理等方面的规程、规则、章程、条例、办法和制度等，以及有关安全生产的通知、决定的行为。

(3) 违反劳动纪律：是指在劳动生产过程中，违反为维护生产秩序而制定的要求每个员工遵守的规章制度的行为。劳动纪律是多方面的，它包括组织纪律、工作纪律、技术纪律以及规章制度等。

二、“三违”的危害

“三违”现象已成为严重威胁职工生命安全健康，影响企业形象和制约企业安全发展的顽症。“三违”实质上是一种违反安全生产客观规律的盲目行为，安全事故与“三违”有着直接或间接的联系。部分煤矿职工还存在着安全意识不强、法制观念淡薄的情况，导致“三违”现象屡禁不绝，严重地威胁了矿井的正常生产和矿工的生命安全健康，其影响极坏、危害极大。因此，对“三违”现象和行为，绝不能宽恕、忽视，只有坚决与“三违”作斗争，坚决反“三违”，才能确保矿井的安全生产。

三、"三违"常见的表现形式

(1) 常见的违章指挥行为。不按照安全生产责任制履行本职工作;不按规定对员工进行安全教育培训;强令员工冒险违章作业;不按照规定审查、批准技术方案和安全措施;不认真执行企业发布的管理程序;新建、改建、扩建项目不执行"三同时"的规定,不履行审批手续;对已发现的事故隐患,不及时采取措施,放任自流等。

(2) 常见的违章作业行为。不按规定正确佩戴和使用劳动防护用品;发现设备或安全防护装置缺损,继续作业;不执行规定的安全防范措施,对违章指挥盲目服从,不加抵制;违反规程或安全技术措施作业;不按操作规程、工艺要求操作设备;忽视安全、忽视警告,冒险进入危险区域等。

(3) 常见的违反劳动纪律的表现。迟到、早退、擅离职守;工作时间干私活、办私事;上班注意力不集中、消极怠工;工作中不服从分配、不听从指挥;无理取闹、纠缠领导、影响正常工作;私自动用他人工具、设备;不遵守各项规章制度,违反工艺流程和操作规程等。

四、"三违"现象产生的原因

"三违"现象产生的主观原因有:人员安全意识不强,安全作业综合素质不高;不懂规章;存在侥幸、麻痹、自满、马虎、凑合、逆反、应付、从众型等多种心理,认为违章不会造成事故;认为规章制度太烦琐,操作费力费时,抢功图快;个体所受安全教育少、安全作业技能水平较低;作业环境差、劳动强度大、易疲劳,习惯性违章;情绪不良原因,操作失误;认知水平低等。

五、提升安全意识,杜绝"三违"

(1)"三违"的外在表现是行为,根在思想和意识。所以从思想和意识着手才是根治"三违"的治本之策。根治"三违"的关键,就是要让"三违"人员的安全思想意识认识到位。要以人为本,在关心人、尊重人、保护人上多想办法,多做工作,引导职工不断增强安全意识,规范自身行为,进而成为"想安全、会安全、能安全"的安全人。帮助职工树立正确的安全生产思想观念,提高其安全生产意识,促使职工自觉安全生产。

(2) 对“三违”职工的安全教育方法多种多样，应坚持以人为本。针对“三违”职工的不同违章心理，分析其“三违”产生的直接原因及深层次原因，及时疏导和消除其违章心理，对职工的教育要动之以情，晓之以理，导之以行。加大安全教育力度，特别是加大对“三违”职工的培训力度，提高其安全知识水平和安全操作技能。只有让职工充分认识到“三违”的严重后果，才能切实增强其安全意识，提高其安全技能，杜绝“三违”现象。

(3) 严格安全管理，自觉规范行为。特别对现场安全管理加大力度，严格执行各项规章制度，把遵章守纪、按章作业转化为员工的自觉行动。加强区队、班组管理，加强班组建设，提高区队队干和班组长的安全责任心，落实好各级人员安全生产责任制。开展班组安全联保互保，营造人人争当安全人的浓厚氛围，实现企业的安全生产。

第八章　灾害防治与事故应急避险

第一节　瓦斯灾害防治与事故应急避险

学习目标

1. 熟悉矿井瓦斯基本知识。
2. 熟悉瓦斯爆炸及预防。
3. 熟悉煤与瓦斯突出及预防。

相关知识

矿井瓦斯是矿井五大自然灾害之一，危害严重。不论其涌出量多少，一直是矿井生产的主要危险源，瓦斯灾害的治理是矿井最根本的、最重要的任务之一。因此，每一个职工学习和掌握矿井瓦斯的基本知识，对于防止瓦斯事故的发生，保证煤矿的安全生产和职工的生命安全是十分必要的。

一、矿井瓦斯基本知识

1. 矿井瓦斯的定义

瓦斯是在成煤过程中伴生的一种气体。广义上说它是指煤矿井下生产过程中从煤层和围岩涌出的以甲烷为主的有毒有害气体的总称，有时单独指甲烷。这些气体主要有：甲烷、二氧化碳、一氧化碳、二氧化硫、硫化氢、乙烷、乙烯及少量的氢气。

2. 瓦斯的性质

瓦斯是无色、无味、无嗅的气体，必须用仪器检测才能发现。瓦斯虽然无毒，但如果空气中的瓦斯浓度增加，则氧气浓度相对降低，使空气具有窒息性。瓦斯的化学性质不活泼，微溶于水，具有燃烧性、爆炸性，这一特性会给煤矿带来巨大的灾难。

3. 瓦斯的赋存

煤是一种多孔性固体。煤体中分布着大量的各种不同孔径的孔隙，瓦斯可以赋存在这些孔隙中。因此，瓦斯有可能以两种状态赋存在煤体或围岩中。

(1) 游离状态。瓦斯以一种自由气体状态赋存于煤层或岩层的孔隙和裂隙中，这种形式的瓦斯又称自由瓦斯。

(2) 吸附状态。由于瓦斯分子和煤分子或围岩分子间的吸引力的作用，使瓦斯可以吸附在煤体和岩体的表面形成一层薄膜，这种形式的瓦斯叫作吸附瓦斯。

(3) 煤层瓦斯含量。煤层瓦斯含量是指煤层未采动时，单位质(重)量或单位体积的煤所含有的瓦斯量，单位为 m^3/t 或 m^3/m^3。

4. 矿井瓦斯的涌出

(1) 瓦斯的涌出形式

矿井瓦斯的涌出方式可分为：均衡涌出、瓦斯的喷出及突出；普通涌出与特殊涌出。

瓦斯的涌出来源：

① 煤岩壁；

② 采落的煤炭；

③ 采空区；

④ 邻近煤层。

(2) 瓦斯涌出量

矿井瓦斯涌出量是指矿井生产过程中，从开采煤层、围岩和邻近煤层涌出瓦斯量的总和。其表达方式分绝对瓦斯涌出量和相对瓦斯涌出量。

① 矿井绝对瓦斯涌出量。指矿井在单位时间里的瓦斯涌出总量。

② 矿井相对瓦斯涌出量。指矿井在正常生产条件下，平均月生产1 t煤涌出的瓦斯量。相对瓦斯涌出量可以判断矿井瓦斯涌出量的严

重程度。

5. 矿井瓦斯等级的划分

矿井瓦斯等级应当依据实际测定的瓦斯涌出量、瓦斯涌出形式以及实际发生的瓦斯动力现象、实测的突出危险性参数等确定。瓦斯等级可划分为：煤（岩）与瓦斯（二氧化碳）突出矿井（以下简称突出矿井）、高瓦斯矿井、瓦斯矿井。

二、瓦斯爆炸及其预防

瓦斯爆炸就是甲烷（CH_4）在高温火源的作用下，与空气中的氧气发生剧烈的化学反应，生成二氧化碳和水蒸气，同时产生大量的热，形成高温、高压环境，并以极高的速度向外冲击而产生的动力现象。

1. 瓦斯爆炸条件

瓦斯发生爆炸必须同时具备三个基本条件：一是瓦斯浓度在爆炸界限内，一般为5%～16%；二是混合气体中氧气的浓度不小于12%；三是有足够能量的点火源，温度650～750 ℃。瓦斯爆炸的三个条件必须同时满足，缺一不可。

2. 瓦斯爆炸的预防措施

预防瓦斯爆炸应从瓦斯爆炸的三个条件入手，由于井下空气需供工人呼吸，因此氧气浓度肯定大于12%，即应采取措施防止瓦斯积聚和出现引火火源；一旦出现瓦斯爆炸，还要防止爆炸事故扩大。

(1) 防止瓦斯积聚的措施。瓦斯积聚是指在0.5 m^3 及以上空间中瓦斯浓度达到2%及以上浓度的现象。防止瓦斯积聚需要落实瓦斯防治“十二字方针”：先抽后采、监测监控、以风定产，从源头上消除瓦斯的危害。防止瓦斯积聚的基本方法如下：

① 加强通风；

② 加强瓦斯浓度和通风情况的检查；

③ 及时处理局部积聚的瓦斯。

(2) 防止瓦斯引燃的措施：

① 防止明火；

② 防止电火花；

③ 防止爆破引燃瓦斯；

④ 防止机械摩擦、冲击火花。

瓦斯的危害与瓦斯爆炸	瓦斯爆炸防治措施

3. 限制瓦斯爆炸范围扩大的措施

(1) 实行分区通风;

(2) 通风系统简单;

(3) 装有主要通风机的出风井口应安装防爆门,以防止发生爆炸时通风机被毁坏,造成救灾和恢复生产困难;

(4) 开采有煤尘、瓦斯爆炸危险的矿井,都必须用水棚或岩粉棚隔开;

(5) 每年必须由煤矿技术负责人组织编制矿井灾害预防和处理计划。

4. 发生瓦斯爆炸事故时的应急避险

(1) 当灾害发生时一定要镇静清醒,不要惊慌失措、乱喊乱跑。当听到或感觉到爆炸声响和空气冲击波时,应立即背朝声响和气浪传来方向、脸朝下、双手置于身体下面、闭上眼睛迅速卧倒。头部要尽量低,有水沟的地方最好趴在水沟边上或坚固的障碍物后面。

(2) 立即屏住呼吸,用湿毛巾捂住口鼻,防止吸入有毒的高温气体,避免中毒和灼伤气管和内脏。

瓦斯爆炸事故的应急避险

(3) 用衣服将自己身上的裸露部分尽量盖严,以防止火焰和高温气体灼伤皮肉。

(4) 迅速戴好自救器,以防止吸入有毒气体。

(5) 高温气浪和冲击波过后应正确辨别方向,以最快的时间进入新鲜风流中,并按照避灾路线尽快逃离灾区。

（6）无法逃离灾区时，应立即选择进入避难硐室中，充分利用现场的一切器材和设备来保护人员安全。进入避难硐室后要注意安全，最好找到离水源近的地方，设法堵好硐口，防止有害气体进入。注意节约矿灯用电和食品，室外要做好标记，有规律地敲打连接外部的管道、轨道等，发出求救信号。

三、煤与瓦斯突出及其预防

煤与瓦斯突出是指在压力作用下，破碎的煤与瓦斯由煤体内突然向采掘空间大量喷出，这是一种瓦斯特殊涌出方式。

1. 煤与瓦斯突出的预兆

（1）无声预兆。工作面顶板压力增大，使支架变形、煤壁外鼓、片帮、掉渣、顶板下沉或底板鼓起，煤层层理紊乱，煤暗淡无光泽，煤质变软，瓦斯涌出量异常，煤壁发凉，打钻时有顶钻、卡钻、喷瓦斯等现象。

（2）有声预兆。煤层在变形过程中发生劈裂声、闷雷声、机枪声、响煤炮，声音由远到近、由小到大，有短暂的、有连续的，间隔时间长短也不同。煤壁发生震动和冲击，顶板来压，支架发出断裂声。

煤与瓦斯突出的预兆

特别注意：瓦斯突出前，并不是所有预兆都出现，仅出现其中一种或数种，而且有的预兆还不明显；也有的预兆距发生突出的时间很短。因此，发现任何预兆都要格外警惕，及时报告、躲避。

2. 煤与瓦斯突出的危害

大量的煤与瓦斯在短时间内向采掘空间突然喷出，突出的煤流或岩石流抛出会掩埋井下作业人员、堵塞巷道，造成风流逆转，破坏井下设施、设备和通风系统。井巷中充满高浓度瓦斯会引起人员缺氧窒息死亡。当突出瓦斯与新鲜风流汇合后，遇到火源还可能发生燃烧或爆炸使灾害事故扩大。

3. 煤与瓦斯突出事故的预防

防突工作必须坚持“区域综合防突措施先行、局部综合防突措施补充”的原则，按照“一矿一策、一面一策”的要求，实现“先抽后建、先抽后掘、先抽后采、预抽达标”。瓦斯突出煤层必须采取两个“四位一体”综合防突措施，做到多措并举、可保必保、应抽尽抽、效果达标，否则严禁采掘活动。对于预防和治理煤与瓦斯突出的各种措施和方法，必须根据具体条件合理选择，并遵守以下各项规定：

煤与瓦斯突出事故的预防

(1) 在突出地点工作的人员，必须经过专门培训，掌握防治突出的基本知识，熟悉突出的各种预兆和井下的避灾路线。

(2) 突出煤层采掘工作面都必须有独立的通风系统，并设专人检查瓦斯。该区域要安设直通矿调度室的电话，发现有突出危险时，立即撤出人员。

(3) 在突出危险区工作的人员必须携带隔离式自救器。

(4) 在有突出危险的煤层中进行采掘工作时，在一个或相邻的两个采区中，同一煤层的同一区段，禁止布置两个工作面同时相向回采，禁止两个工作面同时相向掘进。

(5) 在有突出危险煤层中的掘进工作面，应在其进风侧的巷道中设置两道坚固的反向风门，并保持回风巷道畅通无阻。

(6) 在突出煤层采掘工作面附近的进风巷中，必须设置有供给压缩空气的避难硐室或压风自救装置。

4. 发生煤与瓦斯突出事故的应急避险

(1) 佩戴隔离式自救器保护自己。

(2) 寻找可避难的场所。

(3) 新鲜风流区域的职工主动正确参加救护工作。

煤与瓦斯突出事故的应急避险

5. “四位一体”综合防突措施

我国对煤与瓦斯突出的防治技术进行了长期的研究，总结出一套行之有效的两个(区域、局部)“四位一体”综合防突措施，在煤矿生产应用中取得了较好的效果。

(1) 区域“四位一体”综合防突措施：区域突出危险性预测、区域防突措施、区域防突措施效果检验、区域验证。

(2) 局部“四位一体”综合防突措施：工作面突出危险性预测、工作面防突措施、工作面防突措施效果检验、安全防护措施。

第二节　矿尘防治与事故应急避险

学习目标

1. 熟悉矿尘概述知识。
2. 熟悉粉尘的危害。
3. 熟悉煤尘爆炸及其预防。

相关知识

一、矿尘概述

粉尘是指能够较长时间悬浮在空气中的固体颗粒。生产过程中，产生的粉尘称为生产性粉尘。在煤矿生产过程中，打眼、爆破、掘进、割煤、喷浆、运输等工序的作业中，会产生大量的粉尘粒子漂浮在生产环境中，这部分粉尘称为煤矿粉尘。

我国煤矿大多数为井工开采矿井，在掘进、采煤、爆破、装载等各个生产环节都会产生大量粉尘。井下粉尘较多的地点有：采煤或掘进工作面、自溜运输巷道、带式输送机的转载点、煤仓和溜煤眼的上下口以及井口的卸载点等。随着煤矿生产规模的扩大和机械化程度的提高，煤矿粉尘的产生量也随之迅速增大。另外，井下施工用的粉状材料有时会成为高浓度的有害粉尘，如锚喷作业时喷射水泥砂浆或混凝土会产生大量的水泥和砂粒粉尘。

二、粉尘的危害

煤矿粉尘具有很大的危害性，主要表现为以下方面：

（1）煤尘爆炸是煤矿主要灾害之一，煤尘爆炸时的破坏性很大，尤其是爆炸后产生大量一氧化碳，会引起工作人员中毒死亡。

（2）污染工作场所，煤矿工人在生产活动中长期接触较高浓度的生产性粉尘，可引起健康损害，较常见的病损有尘肺、鼻咽炎、慢性支气管炎和皮肤病。

(3) 加速机械磨损,缩短精密仪器的使用寿命。

(4) 降低工作场所能见度,增加工伤事故的发生概率。工作面能见度低,往往会导致误操作,造成人员意外伤亡。

矿井粉尘的危害	矿井粉尘防治措施

三、煤尘爆炸及其预防

风速过高会引起采掘工作面和运输巷道煤尘飞扬,而风速过低产尘点产生的煤尘排不出去则会增加浮尘量。带式输送机各转载点如不采取有效的防尘措施,则会造成煤尘飞扬。当煤尘含量达到爆炸临界点时,遇电气设备漏电产生的火花、爆破产生的火焰等引爆火源,就会发生煤尘爆炸事故。

1. 煤尘爆炸事故灾害类型

(1) 在采掘生产过程中,特别是采掘工作面在爆破、落煤、运输过程中都会产生大量煤尘。一旦煤尘浓度达到爆炸界限,电气设备漏电产生火花、爆破产生火焰时,就会发生煤尘爆炸事故。

(2) 煤尘爆炸时会产生高温、高压、有毒有害气体,造成人员伤亡、机械设备和巷道的破坏。强大的冲击波会造成风流逆转、通风系统紊乱,还可能引起其他地点的连续爆炸。

(3) 采掘工作面及其回风巷发生煤尘爆炸事故时,将影响本采区;当引起连续爆炸时,影响范围扩大,直至影响整个矿井;进风井附近发生煤尘爆炸事故时将影响其进风流中的所有工作地点,反风不及时将影响整个矿井。

煤尘爆炸事故的危害

2. 煤尘爆炸的条件

煤尘发生爆炸必须同时具备三个基本条件：一是煤尘本身具有爆炸性，并且浮游煤尘要达到一定浓度，下限为 45 g/m³，上限为 1 500～2 000 g/m³；二是混合气体中氧气的浓度不小于 18%；三是有足够能量的点火源，温度在 610～1 050 ℃之间。

3. 煤尘爆炸预防措施

(1) 矿井开采新水平、新煤层，要及时对煤层进行煤尘爆炸性鉴定。根据鉴定结果采取相应的安全措施，将作业场所的煤尘浓度降低到《煤矿安全规程》规定的浓度以下。

煤尘爆炸事故的防治措施

(2) 建立煤尘监测制度，加强采掘工作面和主要场所的煤尘监测，消除煤尘隐患。

(3) 加强巡查及管理，防止井下出现明火、爆破火焰、电气火花等引爆火源。

(4) 按照“源头治理、科学防治”的原则，认真落实减尘、捕尘、洗尘有关规定。完善防尘洒水系统，采取湿式钻眼，使用水炮泥，爆破前后冲洗煤壁，爆破时采用高压喷雾或压气喷雾降尘，采掘面回风巷按规定安设自动控制风流净化水幕等。转载点采用自动喷雾降尘或密闭尘源除尘器抽尘净化等措施。

四、煤尘爆炸事故的应急避险

发生煤尘爆炸事故后的危险区域，救援人员只能在救人的情况下才能进入，但必须采取有效措施，保证救援人员的安全。

(1) 如事故不能及时得到控制，或有扩大趋势，或抢救非常困难时，由指挥部决定是否请求外援。

(2) 井下发生煤尘爆炸事故时，一般有较大声响和较强的冲击波以及煤尘飞扬。如发生以上情况，立即采取如下措施：

① 无论任何人，凡发现灾害事故时，不论灾害程度如何、波及范围大小，都应立即向矿调度室汇报，并详细说明事故发生的地点、时间、类别及事故现场情况、冲击波的方向、事故可能波及的地点；

② 事故现场的区队长或工程技术人员及通风、安检部门人员应立

即组织在场人员采取一切有效措施进行自救和抢险救灾，将事故消除在初发阶段；

③ 不能有效消除危险时，应立即组织灾区人员和受威胁区域的人员迅速沿避灾路线撤离；

④ 采煤工作面发生事故时，受灾人员要以事故区为中心，分别由上、下顺槽撤退，转入安全的进风巷道。

(3) 在发生煤尘爆炸事故时，灾区人员无法迅速撤离时，应考虑下述方法避灾：

① 避灾人员要佩戴自救器或用湿毛巾堵住嘴和鼻子，以隔绝火焰和防止高温有害气体的伤害，待爆炸冲击波过去后，迅速撤到安全地点；

② 不能撤离的人员应迅速转入独头巷道(最好是岩石巷道)等安全地点，关停局部通风机，切断电源，断开风筒，堵住入口，防止有毒气体侵入，并在躲避地点巷道口悬挂矿灯、工具并定时敲打管道、铁轨等发出呼救信号，等待救援；

③ 避灾地点若有压风管，可设法打开压风管路，以便向避难人员输送新鲜空气。

(4) 调度室接到井下灾情报告后，应立即通知矿山救护队赶赴现场实施救援。

(5) 救护队伍到达现场后，要维持事故现场原状，经全面侦察后再采取措施。如果需要开动局部通风机供风时，必须请示指挥部，不能贸然行事。

(6) 爆炸产生火灾，应同时进行灭火和救人，并应采取防止再次发生爆炸的措施。

(7) 井筒、井底车场或石门发生爆炸时，在侦察确定没有火源、无爆炸危险的情况下，应派 1 个小队救人，1 个小队恢复通风。如果通风设施损坏不能恢复，应全部去救人。

(8) 爆炸事故发生在采煤工作面时，派 1 个小队沿回风侧、另 1 个小队沿进风侧进入救人，在此期间必须维持通风系统原状。

(9) 井筒、井底车场或石门发生爆炸时，为了排除爆炸产生的有毒、有害气体，抢救人员应在查清确无火源的基础上，尽快恢复通风。如果有害气体严重威胁回风流方向的人员，为了紧急救人，在进风方向的人员已安全撤退的情况下，可采取区域反风措施。之后，矿山救护队应进入原回风侧引导人员撤离灾区。

(10) 在救灾过程中，应采取措施防止局部火灾或瓦斯爆炸点燃被扬起的沉积煤尘引起二次爆炸。

(11) 根据事故的变化情况，由指挥部决定及时改变处理方案。

(12) 严格停送电措施，防止事故扩大。

(13) 医院急救人员根据情况迅速带齐物品进行现场急救。

煤尘爆炸事故的应急避险

(14) 需要矿井反风时，由总指挥下达反风命令。

第三节　火灾防治与事故应急避险

学习目标

1. 熟悉煤矿火灾概述知识。
2. 熟悉煤炭自燃的初期预兆。
3. 熟悉井下火灾的灭火方法。
4. 熟悉火灾事故的应急避险。
5. 熟悉发生火灾事故后安全撤离的注意事项。

相关知识

一、煤矿火灾概述

凡发生在井下或井口附近能够危害到井下安全的火灾，都叫作矿井火灾。发生矿井火灾的原因有两种：一是外部火源引起，二是煤炭物理化学性质的内在因素引起。因此，矿井火灾分为两类：外因火灾和内因火灾。

外因火灾，又称外源火灾，如违章在井下吸烟、在井下拆卸矿灯、放明炮、电焊、气焊等，都可能引起外因火灾。内因火灾，又称煤炭自燃火灾。

火灾事故的分类及发生条件	煤炭自燃的预防措施	外因火灾的预防措施

二、煤炭自燃的初期预兆

煤矿内因火灾事故隐患主要表现为煤炭自然发火。煤炭自燃的初期预兆有如下几种：

(1) 巷道内湿度增加，出现雾气、水珠。煤炭氧化初期生成水分，往往使巷道内湿度增加，出现雾气或在巷道壁上挂有水珠；浅部开采时，冬季在地面钻孔或塌陷处会发现冒出水蒸气或冰雪融化现象。

(2) 煤炭自燃放出焦油味。煤炭从“发烧”（自热）到自燃过程中，氧化时会产生多种碳氢化合物，并放出煤油味、汽油味、松节油味或焦油味等。当嗅到这些气味时，说明煤已燃烧到了一定程度。

(3) 巷道内发热，气温升高。煤炭氧化自燃过程中要释放出大量热量，因此，从自然发火的地方流出的水和空气的温度比平时要高，人的皮肤可以直接感觉到。

(4) 人有疲劳感。煤炭氧化自燃过程中，会放出有害气体，如二氧化碳、一氧化碳、二氧化硫等，这些有害气体会使人感到头痛、闷热、精神不振、不舒服、有疲劳感，尤其是多数人有同感时，应提高警惕，查明原因，以防矿井火灾的发生。

煤炭自燃的预兆

三、井下火灾的灭火方法

煤矿灭火方法有直接灭火、隔绝灭火和封闭火区等。

1. 直接灭火

(1) 采用灭火剂或挖出火源等方法把火直接扑灭,称为直接灭火法。常用的灭火剂有水、泡沫、干粉、二氧化碳、四氯化碳、卤代烷、惰气、砂子和岩粉等。

矿井火灾灭火方法	二氧化碳灭火器使用方法	干粉灭火器使用方法	消防栓使用方法

① 水。水是不燃液体,是消防上常用的灭火剂之一,使用方法有水射流和水幕两种形式。

② 泡沫。泡沫是一种体积小,表面被液体围成的气泡群。泡沫的比重小,且流动性好,可实现远距离立体灭火,具有持久性和抗燃烧性,导热性能低,黏着力大。

③ 干粉。干粉灭火剂是目前公认的灭火效率较高的一种新型的化学灭火剂,应用范围比较广泛。

④ 卤代烃灭火剂。常用的卤代烃灭火剂是用氟、氯、溴取代甲烷和乙烷中的氢而成的,因此也叫卤代烷灭火剂。

⑤ 砂子和岩粉。砂子和岩粉在煤矿中广泛应用于扑灭电气火灾。

(2) 消除可燃物。

直接灭火除了向火源喷射灭火剂以外,在有些条件下还可以采用挖除火源清除可燃物,消除燃烧的物质基础。

(3) 采用凝胶处理高温点和自燃火源。

凝胶是近年来应用于煤矿井下防灭火较为广泛的材料,由基料[硅酸盐(水玻璃)]+促凝剂(碳酸氢氨等盐类)+水(90%左右)组成。

(4) 灌浆灭火。

灌浆灭火是煤矿井下常用的一种灭火方法。灌浆灭火的方法因火源位置而异。常用的方法有:井下巷道(钻窝)打钻灌浆、在火区密闭墙上插管灌浆和地面钻孔注浆三种。

2. 隔绝灭火

当不能直接将火扑灭时，为了迅速控制火势，使其熄灭，可在通往火源的所有巷道内砌筑密闭墙，使火源与空气隔绝。

3. 封闭火区

封闭火区的方法分为以下三种：

(1) 锁风封闭火区。从火区的进回风侧同时构筑密闭，封闭火区时不通风。这种方法适用于氧气浓度低于瓦斯爆炸界限(＜12%)的火区。

(2) 通风封闭火区。在保持火区通风的条件下，同时构筑进回风两侧的密闭。

(3) 注惰气封闭火区。

四、火灾事故的应急避险

(1) 井下若发现烟气或明火等火灾灾情，应立即通知在附近工作的人员及调度室。

(2) 如果火灾不大，应立即组织力量扑灭。

(3) 如果火灾范围大或是火势凶猛，则应在撤出灾区人员、保证自身安全的前提下，采取稳定风流、控制火势发展、防止人员中毒和预防瓦斯或煤尘爆炸的措施。并随时保持与地面指挥部的联系，根据指挥部的命令行事。

火灾事故
应急避险

(4) 见到火或突然接到火警通知，需要立即撤退人员，要在判明灾情和自己实际处境以及应采取的应急措施的前提下再采取行动。

五、发生火灾事故后安全撤离的注意事项

发生火灾事故时，如果不能直接扑灭或控制灾情，应迅速撤离火灾现场，撤离时要注意以下事项：

(1) 要尽最大可能迅速了解或判明事故的性质、地点、范围及事故区域的巷道情况、通风系统、风流、火灾烟气蔓延的速度和方向，以及与自己所处巷道位置之间的关系，并根据矿井灾害预防与事故处理计划和现场实际情况确定撤退路线和避灾自救方法。

(2) 撤退时，任何人无论在任何情况下都不要惊慌、不能狂奔乱跑，应在现场负责人和有经验的老工人带领下有组织地撤退。位于火源进风侧的人员，应迎着新鲜风流撤退。位于火源回风侧的人员或是在撤退途中遇到烟气有中毒危险时，应迅速佩戴好自救器，尽快通过捷径绕到新鲜风流中去；或是在烟气没有到达之前顺着风流尽快从回风出口撤到安全地点；如果距火源较近而且越过火源没有危险时，也可迅速穿过火区撤到火源的进风侧。

(3) 如果在自救器有效作用时间内不能安全撤出时，应在设有存储备用自救器的硐室换用自救器后再行撤退，或是寻找有压风管路系统的地点以压缩空气供呼吸之用。

(4) 撤退行动既要迅速果断又要快而不乱。撤退中应靠近巷道有连通出口的一侧行进，避免错过脱离危险区的机会，同时还要随时注意观察巷道内风流的变化情况，谨防火风压可能造成的风流逆转。

(5) 如果是逆风或顺风撤退都无法躲避着火巷道或火灾烟气造成的危害，则应迅速进入避难硐室，没有避难硐室时应在烟气袭来之前选择合适的地点就地利用现场条件快速构筑临时避难硐室，进行避灾自救。

第四节　水灾防治与事故应急避险

学习目标

1. 熟悉矿井涌水来源及危害。
2. 熟悉矿井水灾事故的防治。
3. 熟悉透水事故及其防治。
4. 熟悉矿井发生突水事故时的应急避险。
5. 熟悉发生突水事故后撤离现场应注意的事项。

相关知识

一、矿井涌水来源及危害

矿井水来源于地表水和地下水。

1. 地表水

地表水主要是指矿区附近地面的江河、湖泊、池沼、水库、废弃的露天坑和塌陷坑积水以及雨水和冰雪融化汇集的水。

降雨和春季冰雪融化是地表水的主要来源。在开采浅部煤层时，由于地面形成塌陷区，地表水可能沿开采塌陷裂缝涌入井下；雨季不能及时排出矿区降雨时，雨水可能通过土层的孔隙和岩层的细小裂缝渗透到井下，在较短时间内把井巷或整个矿井淹没。

矿区附近的江河、湖泊、池沼、水库、低洼地、废弃的露天坑道等蓄存积水，可通过断层、裂隙、石灰岩溶洞与井下沟通，使地表水有可能进入井下造成突水事故。

2. 地下水

地下水主要是指含水层水、断层裂缝水和老空积水。这些水源可能从各种通道和岩层裂缝渗透进入矿井，是水灾的主要水源。

3. 矿井水的危害

(1) 井下巷道和采掘工作面出现淋水时空气潮湿，人易患风湿病。

(2) 矿井水腐蚀井下各种金属设备、支架、轨道等。

(3) 如果发生了突水和透水事故，就可能淹没采掘工作面或矿井，造成人员伤亡。

二、矿井水灾事故的防治

防治水工作要坚持以防为主、防治结合，以及当前与长远、局部与整体、地面与井下、防治与利用相结合的原则；坚持"预测预报、有疑必探、先探后掘、先治后采"的十六字方针；落实"探、防、堵、疏、排、截、监"七项措施。根据不同的水文地质条件，采用不同的防治方法，因地制宜，统一规划，综合治理。具体措施如下：

(1) 严格按照规定留设防隔水煤(岩)柱。

(2) 在必要的地点或井下设置截水建(构)筑物，如防水闸门和防水闸墙。

(3) 建立完善的井下排水系统。

(4) 严格按照有关规定进行矿井探放水。

1. 地表防治水

地表水综合治理是指在地面采取修筑防排水工程，填堵塌陷区、洼地和隔水防渗等措施，防止与减少雨水和地面水大量流入矿井。特别是要防止雨季山洪暴发时，突然而来的洪水沿着井筒和井下与地面的通道流入矿井造成水灾。地表防治水可以概括为"疏、防、排、蓄"四个字。

(1) 疏：如果矿井四面是山，大气降水与地表水流不出去，开凿泄洪隧道，把矿区内的汇集水疏通到矿区外。

(2) 防：矿井井口标高、地面建筑物的基础标高，都应高于当地历年的最高洪水位。矿区受山洪威胁时，在山坡上应修挖防洪沟堵截山洪。矿区地表的塌陷区，包括塌陷裂缝、塌陷洞等，要堵塞、填平、压实。对漏水的沟渠、河流，应该整铺河底或改道；报废的地面钻孔要及时封好，防止地表水流入井下。

(3) 排：对洪水季节河水有倒流现象的矿区，应在泄洪总沟的出口处建立水闸，设置排洪站，以备河水倒流时用水泵向外排水。

(4) 蓄：在矿区上游有利地形修建水库，雨季前把水放到最低水位，以争取最大蓄洪量，减少降水对矿井的威胁。

2. 井下防治水

井下水害防治比较复杂，要根据矿井的实际水患情况采取具体的防治措施。

(1) 做好矿井地质和水文地质观测工作，查明水源，调查老空，掌握涌水通道。

(2) 超前探水。"有疑必探，先探后掘"是防治矿井水灾的重要原则。《煤矿安全规程》规定：

① 在水淹区域应标出探水线的位置，采掘到探水线位置时，必须探水前进。

② 井田内存在与河流、湖泊、溶洞、含水层等有水力联系的导水断

层、裂隙(带)、陷落柱时必须查出其确切位置,并按规定留设防水煤(岩)柱。巷道必须穿过上述构造时,必须探水前进。如果前方有水,应超前预注浆封堵加固,必要时预先建筑防水闸门或采取其他防治水措施。

③ 当导水裂隙带范围内的含水层或老空积水影响安全开采时,必须超前探放水并建立疏排水系统。

(3) 放水。探到水源后即可放水。放水前,应估计积水量、水位标高、矿井排水能力和水仓容量等。水量不大时可利用探水孔放水,水量很大时需要另打放水钻孔放水。

三、透水事故及其防治

矿区内大气降水、地表水、地下水通过各种通道涌入井下,成为矿井涌水。当矿井涌水量超过矿井正常排水能力时即会发生水患,称为矿井水灾,通常也称为透水。

煤矿水害是指发育于主要开采煤层顶底板直接或间接含水层中的水,在矿井采掘过程中通过天然或人为扰动的导水通道进入矿井,并给矿井带来灾害的过程与结果。煤层或岩层透水前,一般都有预兆,井下工作人员都应该熟悉发生透水事故前的各种预兆,以便及时采取防范措施。

矿井水灾的特点

(1) 一般预兆

① 煤层发潮发暗。由于水的渗入,使煤层变得潮湿,光泽变暗淡,如果挖去一层仍是这样,说明附近有积水。

② 巷道壁或顶板“挂汗”。它是积水通过岩石微小裂隙时,凝聚于岩石表面的水珠。顶板“挂汗”多呈尖形水珠,而煤炭自然发火预兆中的“挂汗”则常常是平行水珠,是水蒸气凝结于顶板所形成的。

③ 煤层变凉。煤层含水时能吸收人体的热量,用手触摸时会有发凉的感觉,并且手放的时间越长,感到越凉,并使空气变冷,产生雾气。

④ 工作面顶板淋水加大,或出现压力水头。

⑤ 从煤层或岩层裂缝中挤出“嘶嘶”的水叫声,表示有涌出危险;出现压力水流,这是离水源很近的征兆;若出水混浊说明离水源较近;

若出水清，说明离水源稍远。

⑥ 工作面有害气体增加，积水区向外散出的主要有害气体有硫化氢、二氧化碳、甲烷等。

⑦ 煤壁或巷道“挂红”，水的酸度大，味发涩，有臭鸡蛋味，通常属于“死水”，这是老空积水的突水预兆。

⑧ 断层水多属“活水”，水无涩味，很少出现“挂红”现象。

⑨ 溶洞水有时呈黄色或灰色，带有臭味。

⑩ 开掘井筒在浅部常遇到冲积层水，开始水小，夹有泥沙后水量变大。

因此，当发现工作面有涌水预兆或发生大量涌水时，说明已接近水区，应停止作业，迅速向矿调度室汇报，及时采取措施。

(2) 工作面底板含水层突水预兆

① 压力增大，底板鼓起，鼓起量最大达 500 mm 以上，很明显；

② 底板产生裂隙，并逐渐增大；

③ 煤帮渗水，水色时清时浊，底板活动时水浊，稳定时水清；

④ 沿裂隙有高压水喷出，并伴有“嘶嘶”的水叫声或刺耳的水叫声；

⑤ 底板发生“底爆”伴有巨响，地下水大量涌出。

(3) 老空水突水预兆

① 煤层发潮，色暗无光；

② 煤层“挂汗”；

③ 采掘面、煤层和岩层内温度低、发凉；

④ 若在采掘工作面、煤壁岩层内听到“吱吱”的水叫声，说明离水体不远，有突水危险；

⑤ 老空水呈红色，伴有臭鸡蛋气味，口尝发涩，若水甜且清则是流沙水或断层水。

水灾事故的预兆

(4) 与承压水有关的断层水突水预兆

① 采掘工作面煤壁“出汗”，有水珠；

② 采掘工作面空气变冷；

③ 采掘工作面空气中出现雾气；

④ 底板出现一定水头的涌水；

⑤ 出现喷水现象；

⑥ 岩层出水发浑。

（5）冲积层水突水预兆

① 采掘工作面顶板压力突然变大；

② 采掘工作面煤层发潮、光泽变暗；

③ 顶板淋水发浑，并有铁锈或黄泥色；

④ 顶板淋水从局部开始逐渐加大并且伴有大量“细沙”和“黄泥”；

⑤ 采掘工作面空气变冷，水温低。

（6）透水事故的处理措施

发生透水事故或矿井被淹，首先是救出井下人员，其次是排出积水，尽快恢复生产。采掘工作面或其他地点发现有突水预兆时，必须发出警报，撤出所有受水威胁地点的人员。

最先发现透水的现场工作人员，一方面报告矿调度室，另一方面迅速组织抢救。工作人员需要打木垛或用密集柱，堵住出水点，防止事故继续扩大；水势猛来不及进行加固时，人员应向高处撤退，安全出井。

井下突水，破坏了巷道中的照明和避灾路线上的指示牌，人员一旦迷失方向，必须朝着有风流通过的上山巷道方向撤退，这些上山巷道可以通达地面。切勿进入独头下山巷道。万一被堵在其他巷道内，应做到以下几点：

（1）在巷道内或硐室口放上衣服、工具做标志，以便救护队员尽早发现，前来营救。

（2）应保持静卧，尽量减少体力消耗，延长生命。

（3）硐室内只留一盏灯照明，将其余灯关闭，以延长照明时间。

（4）间断地敲击管道，发出呼救信号。

（5）要听从指挥，团结一致，等待救援。

在透水后，井下排水设备应全部启动，并保证排水设备处于完好状态。人员撤到地面后，应立即清点人数，积极组织力量进行抢险救灾，营救遇险人员。

矿井水灾
防治措施

四、矿井发生突水事故时的应急避险

矿井发生突水事故时，要根据灾情迅速采取以下有效措施进行紧急避险：

（1）在突水迅猛、水流急速的情况下，现场人员应立即避开出水口和泄水流，躲避到硐室内、拐弯巷道或其他安全地点。如情况紧急来不及转移躲避时，可抓牢棚梁、棚腿或其他固定物体，防止被涌水冲倒或冲走。

（2）当老空水涌出，使所在地点有毒有害气体浓度增高时，现场职工应立即佩戴好隔离式自救器。在未确定所在地点空气成分能否保证人员生命安全时，任何人禁止随意摘掉自救器的口具和鼻夹，以避免中毒窒息。

（3）井下发生突水事故后，决不允许任何人以任何借口在不佩戴防护器具的情况下冒险进入灾区，否则，不仅达不到抢险救灾的目的，反而会造成自身伤亡、扩大事故。

水灾事故
应急避险

（4）水害事故发生后，现场及附近地点工作的人员在脱离危险后，应迅速观察和判断突水地点、涌水程度、现场被困人员情况等，并立即报告矿调度室。同时，应利用电话或其他联络方式及时向下部水平和其他可能受到威胁区域的人员发出警报通知。

五、发生突水事故后撤离现场应注意的事项

如涌水来势凶猛、现场无法抢救或者将危及人员安全时，井下职工应沿着规定的避灾路线和安全通道迅速撤退到上部水平或地面。在行动中应注意下列事项：

（1）井下发生水灾初期的自救

① 井下发生突水后，应立即用最快的方法通知附近地区的人员按照《矿井灾害预防和处理计划》中所规定的路线撤出。

② 突水初期，水势很猛，冲击力很大，人员撤退时一定要注意向高处走，沿着上山方向进入上一个水平，然后出井。

③ 撤退中，如出路已被水隔断，就要寻找井下位置最高、离井筒和

大巷最近的地点暂时躲避;同时定时敲击钢轨和水管发出求救信号。

④ 如突水区设有水闸门,在人员撤出后,要立即关死水闸门,把水流完全隔断。

⑤ 水泵房人员在接到突水事故报警后,要立即关闭泵房两侧的密闭门,启动所有水泵,把突出的水尽快排出;没接到矿井救援指挥中心的撤退命令,绝对不可离开工作岗位。

⑥ 突水后,特别是老空区的积水突出以后,往往会从老空区放出大量有害气体,如瓦斯、硫化氢等,所以在避灾自救中要注意防止有害气体中毒和窒息事故发生。

(2) 水灾现场处理

① 应迅速判定水灾的性质,了解突水地点、影响范围、静止水位,估计突出水量、补给水源及有影响的地面水体。

② 要掌握灾区范围、搞清事故前人员分布,分析被困人员可能躲避的地点以便迅速组织抢救。

③ 根据突水量的大小和矿井排水能力,积极采取排、堵、截水的技术措施。

④ 加强通风,防止瓦斯和其他有害气体的积聚和发生熏人等事故。

⑤ 在排水后进行侦察、抢险时,要防止冒顶、掉底和二次突水。

⑥ 在抢救和运送长期被困井下的人员时,要防止突然改变他们已适应的环境和生存条件,以免造成不应有的伤亡。

(3) 撤离注意事项

① 撤离前,应当设法将撤退的避灾路线和目的地告知矿井救援指挥中心。

② 透水后,应在可能的情况下,迅速观察和判断透水的地点、水源、涌水量、发生的原因、危害程度等情况,根据预防水灾的避灾路线迅速撤至透水地点以上的水平,而不能进入突水点附近及下方独头巷道。

③ 行进中应靠近巷道一侧,抓牢支架或其他固定物体,尽量避开压力水头和泄水主流,并注意防止被水中滚动的矸石和木料砸伤。

④ 如透水破坏了巷道中的照明和路标,迷失行进方向时,遇险人

员应朝着有风流通过的上山巷道方向撤退。

⑤ 在撤退沿途和所经过的巷道交叉口，应留设指示行进方向的明显标志，以提示救护人员注意。

⑥ 人员撤退到竖井需从梯子间上去时，应遵守秩序，不要慌乱和争抢。行动中手要抓牢，脚要蹬稳，切实注意本人和他人安全。

⑦ 撤退中，如唯一出口被堵塞无法撤退时，应有组织地在独头工作面躲避，等待救护人员营救，严禁盲目潜水等冒险行为。

⑧ 被困期间断绝食物后，即使在饥饿难忍的情况下，也应努力克制自己，绝不嚼食杂物充饥。需要饮用井下水时，选择适宜的水源，并用纱布或衣服过滤。

⑨ 长时间被困井下，发现救护人员到来时，不可过度兴奋和慌乱。

第五节　顶板事故防治与事故应急避险

学习目标

1. 熟悉顶板冒落的预防。
2. 熟悉顶板冒落的预兆。
3. 熟悉发生冒顶事故时的应急避险。
4. 熟悉冒顶的应急处置。

相关知识

顶板事故是指在井下采掘和生产服务过程中，顶板意外冒落造成的人员伤亡、设备损坏、生产中止等事故，是煤矿五大自然灾害之一。其导致的事故危害主要有三种：一是人员被堵、被埋或伤亡；二是影响通风系统安全运行；三是造成设备损坏、生产中止。

一、顶板冒落的预防

(1) 采取有效的支护措施。

(2) 及时处理局部漏顶，以免引起大范围冒顶。

顶板事故的分类、特点及原因	顶板事故的预防

（3）坚持“敲帮问顶”制度。在进入采掘工作面装煤、支护前，要“敲帮问顶”，处理已离层的顶板，如果处理不了，要用点柱先支撑。

（4）严格按照规程作业。严禁空顶作业，所有支架必须架设牢固并采取防倒柱措施，严禁在浮煤或浮矸上架设支架。

二、顶板冒落的预兆

（1）响声。顶板连续发出断裂声，这是由于直接顶和基本顶发生离层，或顶板切断发出的声音。有时采空区内顶板会发出像闷雷的声音，这是基本顶和上方岩层产生离层或断裂的声音。岩层下沉断裂、顶板压力急剧加大时，支架会发出很大声响。

（2）掉渣。顶板岩石已有裂缝和碎块，其中小矸石稍受震动就掉落。

（3）片帮。冒顶前煤壁所受压力增加，变得松软，片帮煤比平时多。

（4）漏顶。破碎的伪顶或直接顶，在大面积冒顶以前，有时因为背顶不严或支架不牢而出现漏顶。

（5）裂缝。顶板的裂缝张开，裂缝增多。

（6）脱层（离层）。检查顶板是否脱层要用“敲帮问顶”的方法，如果声音清脆，表明顶板完好；如果顶板发出“空空”的响声，说明上下岩层已经脱离。

顶板冒落的预兆

（7）瓦斯涌出量突然增大。

（8）顶板淋水增大。

三、发生冒顶事故时的应急避险

（1）迅速撤离。当发现工作地点有即将发生冒顶的征兆而当时又难以采取措施防止顶板冒落时，要迅速离开危险区，撤退到安全地点。

(2) 及时躲避。当冒顶发生又来不及撤至安全地点时，应靠煤帮贴身站立避灾，但要注意煤壁片帮伤人；如靠近木垛，也可撤至木垛处避灾。

(3) 立即求救。冒落基本稳定后，遇险人员应立即采用呼叫、敲打(不要敲打对自己有威胁的支架、物料和岩块)等方法，发出有规律、不间断的求救信号，以便撤离的人员了解灾情，组织力量进行抢救。

(4) 自救和互救。事故发生后，遇险人员要听从灾区班组长和有经验的老工人的指挥，在保证安全的前提下，积极开展自救和互救。正视已发生的灾害，注意保持体力，未受伤和受轻伤人员，要采取切实可行的措施设法营救被掩埋人员，并尽可能脱离险区或转移到较安全地点等待救援。

(5) 配合营救。发生冒顶埋人事故时，被埋压的人员不要惊慌失措，切忌激烈挣扎；被隔堵的人员应在遇险地点保护好自身安全，构筑脱险通道，配合外部的营救工作。

冒顶事故应急避险

四、冒顶的应急处置

1. 发现冒顶预兆时的应急处置

(1) 迅速撤退到安全地点。

(2) 遇险时要靠煤帮贴身站立或到木垛处避灾。

(3) 遇险后立即发出求救信号。

(4) 遇险人员要积极开展自救和互救。

(5) 被隔堵人员要积极配合外部营救工作。

2. 采煤工作面冒顶处置措施

(1) 当冒落的煤、矸埋压人时，不可惊慌，应在区队长、班组长和有经验的老工人的指挥下，严密监视冒落的顶板及两帮情况，加固冒顶处10 m范围内支护，用长柄工具捣掉悬矸、危岩后，由有经验的工人由外向里进行支护，动作要迅速，并设专人观察顶板。同时，留好退路，严防顶板继续冒落伤人，组织人力积极抢救被埋人员。

(2) 抢救时要仔细侦察,分析遇险者位置和被压情况,尽量不破坏冒落矸石的堆积状态,小心搬开煤、矸救出伤员,严禁用锹、镐等强挖硬刨。

(3) 救出伤员后及时进行止血、包扎、骨折固定等,对发生休克的伤员要立即进行人工呼吸等现场救助并迅速送往医院。

(4) 若垮落、冒顶将人员堵在独头巷道时,被堵人员要沉着、冷静,不要慌乱、乱喊乱叫,要设法自救。

(5) 若冒顶面积大,处理时间长,被堵人员要静卧休息,节约矿灯电量、食物和水,减少氧气消耗,有压风管路时可打开阀门,放入空气供人呼吸。若冒落的煤和矸不太大,可扒出通道口时,应由有经验的老工人监视顶板,其他人员轮流攉扒出通道进行自救。同时,应间断性地敲击金属物发出求救信号。

3. 掘进、巷修工作面冒顶处置措施

(1) 当发生冒顶事故时,现场人员不可惊慌,要在区队长、班组长和有经验的老工人指挥下,严密监视顶板及两帮的情况,在确保安全的前提下立即加强、加固冒顶处 10 m 范围内的支护。

(2) 处理冒顶时,要用长钎捣掉可能冒落的悬矸、危岩,由有经验的老工人由外向里进行支护。一般采用架设木垛的方法,在没有冒落危险的情况下,设专人观察顶板,留好退路,迅速架好支架,排好护顶木垛,一直到冒顶最高点将顶托住。

(3) 当冒落的煤、岩石埋压住人员时,要仔细侦察、分析遇险人员的位置和被埋压情况,在安全的前提下组织抢救工作。抢救中要尽量不破坏冒落岩石的堆积状态,小心搬开冒落的岩石,严禁使用锹、镐等强挖硬刨,严防对埋压人员造成二次伤害。

(4) 救出的伤员要及时进行止血、包扎、骨折固定等,发生休克的要立即进行人工呼吸等现场救助并迅速送往医院。

(5) 若冒落的矸石将人员堵在独头巷道内时,被堵人员要沉着、冷静,不要乱喊乱叫。若冒顶面积大,处理的时间长,被堵人员应立即静坐休息,注意节约矿灯电量、食物和水,减少氧气消耗,保持足够的体力。有压风管的应打开压风阀门,保持良好的通风;若冒顶面积不太大,被堵人员应在区队长、班组长和有经验的老工人指挥下,专人监视顶板情况，采用轮番攉扒冒落岩石的方法组织自救，并间断性敲打铁管、钢轨等发出呼救信号，等待救援。

(6) 当冒顶的范围大，影响通风或人员被堵，可采用小断面快速修复的方法，架设比原来巷道规格小的临时支护，采用撞楔法把冒落的岩石控制住，从巷道两侧清理岩石，且边清理边维护，防止煤矸流入巷道。帮顶维护好后，就可以架设永久支护。

(7) 当冒顶的长度大，不易处理时，可采用打绕道的方法，绕过冒落区去抢救被堵人员，或绕过冒落区后再转入正常掘进。

第六节 爆破安全

学习目标

1. 熟悉爆炸材料知识。
2. 熟悉煤矿许用炸药的特点。
3. 熟悉煤矿许用炸药的分级、检验方法与适用条件。
4. 熟悉炸药的化学反应形式。
5. 熟悉爆炸材料的运送。
6. 熟悉爆破操作规定。

相关知识

一、爆炸材料知识

1. 炸药定义

炸药是指在受到一定外界能量作用后，自身能够发生极为迅速的化学反应，并生成大量的高温、高压气体和热量的物质。

矿用炸药：指矿业开发时爆破施工所使用的炸药。

2. 矿用炸药的分类

(1) 按主要组成成分将矿用炸药分为硝酸铵类炸药、含水类炸药和硝化甘油类炸药。

(2) 按应用范围和使用条件可分为煤矿许用炸药和非煤矿许用炸药;煤矿许用炸药又分为煤矿铵锑炸药、煤矿水胶炸药、煤矿乳化炸药、离子交换型高性能炸药和被筒炸药。离子交换炸药是当前我国煤矿许用炸药中安全性最高的一种,特别适用于有煤与瓦斯突出危险的工作面。

(3) 按化学成分结构分为单体炸药和混合炸药。

3. 对炸药安全等级及使用范围的规定

(1) 低瓦斯矿井的岩石掘进工作面必须使用安全等级不低于一级的煤矿许用炸药。

(2) 低瓦斯矿井的煤层采掘工作面、半煤岩掘进工作面必须使用安全等级不低于二级的煤矿许用炸药。

(3) 高瓦斯矿井、低瓦斯矿井的高瓦斯区域,必须使用安全等级不低于三级的煤矿许用炸药。有煤(岩)与瓦斯突出危险的工作面,必须使用安全等级不低于三级的煤矿许用含水炸药。

(4) 严禁使用黑火药和冻结或半冻结的硝化甘油类炸药,同一工作面不得使用 2 种不同品种炸药。

4. 炸药爆炸引燃引爆瓦斯、煤尘的机理

(1) 爆炸气体产物的直接发火作用。炸药爆炸生成的高温、高压气体产物,在爆炸瞬间可被加热到 1 800～3 000 ℃的高温,大大超过了瓦斯和煤尘的引火温度。在气体膨胀过程中,由于其扩散和渗透作用,逐渐和瓦斯、浮尘这些空气中的介质相混合。一段时间后,在膨胀气体的边部形成了爆炸产物、瓦斯、浮尘和空气的可燃性混合物。如果混合物的温度达到了瓦斯、浮尘爆炸的点火温度,而且存在时间超过感应时间,就会发火产生火焰,甚至引起爆炸反应。

此外,当炸药为负氧平衡或因炮眼内残留煤粉,都会产生大量的可燃性气体。这些气体和矿井瓦斯、浮尘混合后,形成"二次火焰",易于引燃、引爆矿井瓦斯或煤尘。

(2) 炽热固体颗粒的发火作用。当爆炸产物中的炙热固体颗粒产物或当爆炸不完全时,使一部分尚未分解或正处于燃烧的炸药颗粒从炮眼中飞出落入瓦斯、浮尘、空气混合物,如接触时间超过感应时间,就可能引起瓦斯燃烧或瓦斯、煤尘爆炸。

(3) 爆炸形成空气冲击波的发火作用。空气冲击波的压力、温度和作用时间是随着炸药总量增加而增大的。因此，当爆热一定时，必须对装药量加以限制。实验表明，采用安全炸药时，因炸药能量用于破碎和抛掷，形成空气冲击波的能量较小，引燃瓦斯的可能性不大。如工作面存在反射障碍物时，因反射压力、温度、作用时间较入射波要大得多，冲击波的强度将会呈若干倍增加。当这种冲击波的作用时间大于该温度时的瓦斯和煤尘爆炸的感应时间，特别是装药量过大时，就有可能引燃、引爆瓦斯和煤尘。因此，《煤矿安全规程》规定，在装药地点附近 20 m 以内，严禁有矿车、未清除的煤、矸或其他物体堵塞巷道断面 1/3 以上，没有处理前严禁装药爆破。

二、煤矿许用炸药的特点

根据炸药氧化反应和炸药引燃引爆瓦斯的机理，煤矿许用炸药应具有以下特点：

(1) 根据炸药的安全等级限制炸药的爆热、爆温和爆压。

(2) 炸药配比应接近于零氧平衡。

(3) 爆炸后无炙热固体产物。

(4) 爆炸反应要完全。

(5) 炸药或爆炸产物中不能含有促进往上连锁反应的成分和外来夹杂物。

(6) 煤矿许用炸药中要加入消焰剂，从根本上抑制火焰。

(7) 爆炸产生的有毒、有害气体量要符合国家标准。

三、煤矿许用炸药的分级、检验方法与适用条件

煤矿许用炸药的瓦斯安全性分为五级，各个级别许用炸药瓦斯安全性(巷道试验)的合格标准如下：

(1) 一级煤矿许用炸药。100 g 发射臼炮检定合格，适用于低瓦斯矿井的岩石工作面。

(2) 二级煤矿许用炸药。150 g 发射臼炮检定合格，适用于低瓦斯矿井煤层和半煤岩工作面。

(3) 三级煤矿许用炸药。试验法一：450 g 发射臼炮检定合格，试

验法二:150 g 悬吊检定合格,适用于高瓦斯矿井。

(4) 四级煤矿许用炸药。250 g 悬吊检定合格,适用于煤与瓦斯突出矿井。

(5) 五级煤矿许用炸药。450 g 悬吊检定合格,用于溜煤眼堵塞爆破和过石门揭开瓦斯突出煤层。

(6) 用发射臼炮法试验,连续 5 炮不引起瓦斯爆炸时为合格。如果其中有 1 炮引起瓦斯爆炸,允许加倍复试,10 炮复试全不引起瓦斯爆炸时,仍认为合格。四级煤矿许用炸药用悬吊试验法,连续 5 炮不引起瓦斯爆炸时为合格。如有 1 炮引起瓦斯爆炸,允许加倍复试,10 炮复试全不引起瓦斯爆炸时,仍认为合格。

四、炸药的化学反应形式

(1) 热分解。热分解是指炸药发生缓慢的化学变化过程。炸药在常温、常压下也有热分解,但反应过程中不产生火、光和声响,不易被察觉,对外界没有作用,但温度愈高分解愈显著。炸药在储存期间,热分解不仅使炸药变质,而且分解过程中还要放出热量。如果这些热量不能及时散失,将使温度不断升高,分解速度加快,当温度升到爆发点时,热分解就会转化为燃烧或爆炸。因此,储存期间,必须采取措施控制温度、湿度和压力,以防止自燃和自爆事故。

(2) 燃烧。炸药在热源和火焰作用下会燃烧。炸药燃烧时不需要外界供氧,它不是全部同时参与反应,而是局限于极小范围。反应释放出来的能量靠热传导来传递,并激起化学反应,其速度可达每秒数厘米或数米,甚至数百米。因此,炸药在储存期间要注意改善通风条件,防止炸药在密闭条件下燃烧。一旦炸药着火,切不可用沙土掩埋,因为炸药本身含有氧化剂,不需要外界供氧,密闭反而会导致压力升高,使燃烧加速,甚至引起爆炸。

(3) 爆炸。爆炸与燃烧的化学反应虽然相同,但爆炸反应区能形成压缩冲击波,使反应区外的温度、压力和密度等发生剧烈变化。反应能量的传递和反应区的传播靠压缩冲击波来进行,反应极为迅速,速度高达每秒数千米,能释放出更多的热量和产生更高的温度,并产生极高的压力。爆炸反应存在稳定爆炸和不稳定爆炸两种情况。

反应速度高而且保持恒定的爆炸称为稳定爆炸，也称为爆轰。

反应速度低且变化不稳定的爆炸称为不稳定爆炸，简称爆炸。

五、爆炸材料的运送

《煤矿安全规程》规定，由爆炸材料库直接向工作地点用人力运送爆炸材料时，应遵守下列规定：

(1) 电雷管必须由爆破工亲自运送，炸药应由爆破工或者在爆破工监护下运送。

(2) 爆炸材料必须装在耐压和抗撞冲、防震、防静电的非金属容器内，不得将雷管和炸药混装。

(3) 携带爆炸材料上、下井时，每层罐笼内搭乘的携带爆炸材料的人员不得超过 4 人，其他人员不得同罐上下。

用人力运送爆炸材料时，还必须遵守《爆破安全规程》的有关规定：

(1) 不得提前班次领取爆炸材料，不得携带爆炸材料在人群聚集的地方停留。

(2) 每人每次运送的爆炸材料不得超过以下数值：

① 同时搬运炸药和起爆材料不得超过 10 kg；

② 拆箱(袋)运、搬炸药不得超过 20 kg；

③ 背运原包装炸药不得超过一箱(24 kg)；

④ 挑运原包装炸药不得超过两箱(48 kg)。

用人力运送爆炸材料时，背药工必须走在前面，爆破工在后面押运，间隔距离保持在 5～30 m，行走途中应与爆破工做到互保联保、相互提醒，防止滑倒摔伤、跌入水沟等意外情况。

六、爆破操作规定

(1) 爆破前准备。要把爆破地点周围 10 m 范围内巷道的电缆、风水管路等设备掩盖好，工具移放到工作面后安全地点。

(2) 装药顺序：炸药→起爆药卷→黏土炮泥→水炮泥→黏土炮泥。参与装药人员应为班组长及熟练的工人。

(3) 爆破严格执行“一炮三检”制度和“三人连锁爆破”制度。“一炮三检”制度是工作面装药前、爆破前、爆破后必须检查工作面的甲烷浓度，当甲烷浓度达到 1.0%时，工作面严禁装药爆破。“三人连锁爆破”制度即爆破工、班组长、瓦斯检查工三人必须同时参加爆破工作的全过程并执行换牌制，程序为：爆破工检查连线无误后，将警戒牌交给班组长；班组长检查现场符合爆破条件后，设置警戒、清点人数，将爆破命令牌交给瓦斯检查工；瓦斯检查工检查瓦斯符合爆破要求后，将携带的爆破牌交给爆破工；爆破工连接母线和脚线，最后离开爆破地点，发出爆破警号，至少再等 5 s 方可完成通电爆破工作，爆破后三牌各归原主。

(4) 爆破警戒规定。

① 警戒距离：爆破前人员必须撤到进风巷反向风门外的全风压通风的新鲜风流中。所有警戒点必须在爆破前由跟班队长巡视，确定警戒到位后，向调度室汇报，在调度室确认回风巷道内没有人员后，方可通知爆破。

② 所有警戒点处必须设置警戒绳，警戒绳外设置爆破警戒牌；所有满足警戒距离规定的地点必须设置警戒；警戒人员必须在安全地点警戒，且一个警戒人员不得同时警戒两条通路。

③ 警戒流程：

a. 爆破工在检查连线工作无误后，通知班组长布置警戒，并要求警戒人员进行签字确认。

b. 班组长亲自安排专人在警戒点和其他可能进入爆破地点的通路上担任警戒工作，设置警戒必须严格执行“去二回一”。回执人必须回到爆破地点进行签字确认，最后与班组长同时离开工作面。

c. 布置警戒同时要将警戒区域内所有人员撤出。撤人时，负责警戒区域内撤人任务的人员必须大声叫喊“放炮撤人了”。

d. 警戒撤人工作完成后，班组长负责落实警戒区域内是否有人，并清点人数，确认无误后汇报跟班队长，跟班队长进行二次确认，并由班组长或跟班队长签字确认。

e. 由瓦斯检查工检查瓦斯，符合条件后，班组长方可下达起爆命令。

f. 起爆命令下达后，跟班队长、班组长、回执人、瓦斯检查工同时离开爆破地点。

g. 爆破工接到爆破命令后，才允许将爆破母线与连接线进行连接，母线与连接线连接后，爆破工即吹哨并大声叫喊“要放炮啦”；待其他人员离开后，爆破工最后离开爆破地点。

h. 起爆前，爆破工必须回头看，吹哨并大声叫喊三声“放炮啦”，至少再等 5 s 方可起爆。

(5) 井下爆破作业必须使用红色阻燃输送带。

(6) 在制作起爆药卷前，当班班组长按爆破炮眼数量安排爆破工制作起爆药卷，按雷管段别分别装在相应的炮眼内(如Ⅰ段雷管必须装在掏槽眼内)，起爆药卷制作完毕，由班组长与爆破工共同确认。

(7) 装完所有炮眼后，爆破前，脚线的连接工作由爆破工进行，保证所有的起爆药卷都连入爆破网路。连接完毕后，爆破工方准一人进行爆破母线脚线连接、检查线路和通电工作。

(8) 爆破前，班组长清点本班人数，亲自布置专人在警戒线或可能进入爆破地点的所有通道上担任警戒工作。警戒人员在安全地点警戒，并在警戒线处设置警戒牌，确认无误后，方准班组长下达起爆命令。

(9) 爆破工每次爆破都必须最后一个离开爆破地点，并必须在安全地点起爆。撤人、警戒等措施及起爆地点到爆破地点的距离必须在作业规程中具体规定。

起爆地点到爆破地点的距离应当符合下列要求：

① 岩巷直线巷道大于 130 m，拐弯巷道大于 100 m。

② 煤(半煤岩)巷直线巷道大于 100 m，拐弯巷道大于 75 m。

③ 采煤工作面大于 75 m，且位于工作面进风巷内。

(10) 打眼和装药不得同时进行，严禁放糊炮、明炮。

(11) 装药前和爆破前有下列情况之一的，严禁装药、爆破：

① 掘进工作面的空顶距离超过 400 mm。

② 爆破地点附近 20 m 以内风流中甲烷浓度达到 1.0%时。

③ 在爆破地点 20 m 以内，有未清除的煤、矸或其他物体堵塞巷道断面 1/3 以上。

④ 炮眼内发现异状、温度骤高骤低、有显著瓦斯涌出、煤岩松散、透老空等情况。

⑤ 掘进工作面风量小于《煤矿安全规程》规定的风量。

(12) 通电以后拒爆时，爆破工必须先取下钥匙，并将爆破母线从电源上摘下，扭结成短路，再等待一定时间(使用瞬发电雷管时至少等 5 min；使用延期电雷管时至少等 15 min)，才可沿线路检查，找出拒爆的原因。

(13) 处理拒爆、残爆时，必须在班组长指导下进行，并应在当班处理完毕。如果当班未能处理完毕，当班爆破工必须在现场向下一班爆破工交接清楚。处理拒爆时，必须遵守下列规定：

① 由于连线不良造成的拒爆，可重新连线起爆。

② 在距拒爆炮眼 300 mm 以外另打与拒爆炮眼平行的新炮眼，在拒爆眼内插入炮棍作为导向标志，重新装药爆破。

③ 严禁用镐刨，或从炮眼中取出原放置的起爆药卷，或从起爆药卷中拉出电雷管；不论有无残余炸药严禁将炮眼残底继续加深；严禁用打眼的方法往外掏药；严禁用压风吹拒爆(残爆)炮眼。

④ 处理拒爆的炮眼爆破后，爆破工必须详细检查炸落的煤、矸，收集未爆的电雷管。

⑤ 在拒爆处理完以前，严禁在该地点进行与处理拒爆无关的工作。

(14) 炮眼深度和炮眼的封泥长度应符合下列要求：

① 炮眼深度小于 0.6 m 时，不得装药、爆破；在特殊条件下，如挖底、刷帮、挑顶确需进行炮眼深度小于 0.6 m 的浅孔爆破时，必须制定安全措施并封满炮泥。

② 炮眼深度为 0.6～1 m 时，封泥长度不得小于炮眼深度的 1/2。

③ 炮眼深度超过 1 m 时，封泥长度不得小于 0.5 m。

④ 炮眼深度超过 2.5 m 时，封泥长度不得小于 1.0 m。

⑤ 深孔爆破时，封泥长度不得小于孔深的 1/3。

⑥ 光面爆破时，周边光爆炮眼应当用炮泥封实，且封泥长度不得小于 0.3 m。

⑦ 工作面有 2 个或 2 个以上自由面时，煤层中最小抵抗线不得小于 0.5 m，岩层中最小抵抗线不得小于 0.3 m；浅眼爆破大岩块时，最

小抵抗线和封泥长度均不得小于0.3 m。

⑧ 当巷道上山掘进工作面采用爆破作业时，采用深度不大于1.0 m的炮眼远距离全断面一次爆破。

第七节　用电安全

学习目标

1. 熟悉矿井供电系统。
2. 熟悉矿井供电的要求。
3. 熟悉电气保护装置的作用。
4. 熟悉井下电气保护的类型。
5. 熟悉矿用电气设备的类型。
6. 熟悉隔爆型电气设备的防爆原理。
7. 熟悉井下人身触电及其预防。
8. 熟悉人身触电的抢救。
9. 熟悉井下用电安全措施。

相关知识

一、矿井供电系统

矿井供电系统是指由矿井地面变电所、井下中央变电所、采区变电所、工作面配电点按照一定方式相互连接起来的一个整体。

1. 煤矿企业对供电的基本要求

由于煤矿井下特殊的生产条件，为了保证矿工的生命、财产安全，要求供电安全、可靠、经济和技术合理。

(1) 供电安全。煤矿井下存在水、火、瓦斯、煤尘、顶板五大自然灾害，自然条件恶劣，生产环境复杂，容易发生触电、爆炸等事故。

(2) 供电可靠。煤矿供电中断，不仅影响产量，而且会因为停电而停止通风、排水，从而引发爆炸、水害等各种重大事故的发生，危及矿工生命、财产安全，有时甚至毁掉整个矿井。

(3) 供电技术合理。技术合理性也指保证供电质量好，即使供电的电压、频率及谐波成分达到一定的技术标准，电压波动范围不超过额定值的±5%。

(4) 供电经济。由于煤矿电气设备耗电量大、输电功率大，如果设计不合理会造成许多电能的浪费。

2. 电力负荷的分类

由于不同的用电负荷在安全生产中的地位与作用有所差异，因此它们对供电的需求不尽相同，如矿井提升、通风、调度等负荷，对供电有较高的要求。根据矿井用电负荷的重要性和停电后的影响不同，矿井用电负荷可以分为以下三级：

(1) 一级负荷：因突然停电，可能造成人身伤亡或者重要设备损坏，造成重大经济损失的，属于一级负荷。

(2) 二级负荷：因供电突然中断，给矿井造成大量减产或较大经济损失的，属于二级负荷。

(3) 三级负荷：不属于一级、二级负荷的其他用户或用电设备，属于三级负荷。

3. 矿井供电电压等级

(1) 煤矿常用电压等级。

为了保证煤矿井下供电安全，《煤矿安全规程》对井下各级电压等级进行了具体的规定。《煤矿安全规程》第 445 条规定，井下各级配电电压和各种电气设备的额定电压等级，应符合下列要求：

① 高压不超过 10 000 V。

② 低压不超过 1 140 V。

③ 照明和手持式电气设备的供电额定电压不超过 127 V。

④ 远距离控制线路的额定电压不超过 36 V。

⑤ 采掘工作面用电设备电压超过 3 300 V 时，必须制定专门的安全措施。

(2) 10 kV 电压直接下井供电。

随着井下机械化程度的提高，采掘工作面机组容量的加大，6 kV

供电电压在某些矿井已不能满足要求，特别是一些大型矿井甚至特大型矿井，开始采用 10 kV 电压直接下井。

4. 矿井供电系统的类型

根据矿井的井田范围、煤层埋藏深度和地质条件，矿井供电系统可分为深井供电系统和浅井供电系统。煤层埋藏深度大于 150 m 时应采用深井供电系统，小于 150 m 时应采用浅井供电系统。

5. 变压器中性点的运行方式

(1) 变压器中性点直接接地运行方式。

(2) 变压器中性点不接地运行方式。

(3) 变压器中性点采用消弧线圈接地运行方式。

6. 井下中央变电所

井下中央变电所是井下供电枢纽，是电能配送的中心。单一水平生产的矿井设一个井下中央变电所；多水平的生产矿井，每个水平各设一个井下中央变电所。

7. 采区供电

随着采掘机械化程度的提高以及工作面电气设备总容量的增加，对井下采区供电提出了新的要求。

(1) 采区供电电压已普遍提高，采用 660 V 或 1 140 V。

(2) 为了缩短低压供电距离，一般使用隔爆移动变电站。为了配合采煤机组快速推进的需要，广泛采用组合式电气设备。

(3) 在采区电气安全方面，广泛采用阻燃移动式橡套屏蔽电缆，使用漏电闭锁、有选择性漏电保护装置，使用照明、信号综保。

二、矿井供电的要求

(1) 矿井应有两回路电源线路，当任一回路发生故障停止供电时，另一回路应能担负矿井全部负荷。

(2) 井下各水平中央变(配)电所、主排水泵和下山开采的采区排水泵房供电的线路，不得少于两回路。

(3) 主要通风机、提升人员的立井绞车、抽采瓦斯等主要设备房，应各有两回路直接由变(配)电所馈出的供电线路。

(4) 井下各级配电电压和各种电气设备的额定电压等级，应符合

《煤矿安全规程》要求。

(5) 升降人员和主要井口绞车信号装置的直接供电线路上，严禁分接其他负荷。

三、电气保护装置的作用

电气保护装置作为供电系统的电气安全保护设施，可以针对具体的电气故障或隐患，实现有效的防范与控制。在供电系统中使用的电气保护装置有多种类型，其主要作用有两项：一是在系统的设备或线路发生故障时，其保护装置迅速准确地发出跳闸命令，使故障设备或线路及时从系统中断开，最大限度地减少设备或线路本身的损坏，降低对系统安全供电的影响。二是反映电气设备或线路的正常工作情况，并根据不正常工作情况和运行维护条件的不同发出信号，以便值班人员进行处理，或由装置自动地进行调整，或将那些继续运行可能引起事故的部位予以切除。

四、井下电气保护的类型

煤矿井下使用的电气保护种类较多，《煤矿安全规程》要求使用的保护主要有：漏电保护、过电流保护、保护接地、电压保护、风电甲烷闭锁等。

五、矿用电气设备的类型

煤矿井下使用的电气设备可分为两大类，即矿用一般型电气设备和矿用防爆型电气设备。

1. 矿用一般型电气设备

矿用一般型电气设备是专为煤矿井下生产的不防爆的电气设备，标志为“KY”。

2. 矿用防爆型电气设备

矿用防爆型电气设备是按照国家标准设计制造的，不会引起周围爆炸性混合物爆炸的电气设备。防爆型电气设备外壳上均有清晰的标志“Ex”，矿用隔爆型电气设备的防爆标志为“Exd1”。

六、隔爆型电气设备的防爆原理

隔爆型电气设备的防爆性能是靠隔爆外壳的耐爆性和不传爆性来保证的。

1. 隔爆外壳的耐爆性

隔爆外壳的耐爆性是指当壳内的爆炸性气体混合物爆炸时，在最大爆炸压力作用下，外壳不会变形、损坏。因而爆炸产生的高温、高压气体和火焰不会直接点燃壳外的爆炸性气体混合物。

2. 隔爆外壳的不传爆性（又称隔爆性）

隔爆外壳的不传爆性是指壳内的爆炸性气体混合物爆炸时产生的高温气体或火焰，通过外壳各接合面的间隙向壳外喷泻过程中能得到足够的冷却，使之不会点燃周围的爆炸性混合物。

七、井下人身触电及其预防

人的身体触及裸露的带电导体或因绝缘损坏而带电的电气设备的外壳、构架等，都会造成人身触电事故。触电对人体会造成严重危害，其直接危害可分为电伤和电击两种。

电伤是电流通过人体某一局部时电弧烧伤人体，造成人体外部局部性伤害，一般容易治愈，严重时可使人致残，但一般不会致人死亡。

电击是指触电时电流流过人体内部器官和中枢神经，使内部器官的生理功能受到损害，如使心脏功能紊乱、呼吸活动变慢、肌肉强烈收缩而造成窒息等。发生电击，若抢救不及时或抢救方法不当，多数会致人死亡。

电击对人体的危害程度与多种因素有关，其中最主要的是通过人体电流的大小和电流持续的时间。试验资料表明，通过人体的交流电超过 15 mA 时，会使人抽筋；达 50 mA 时，对人的生命已有危险；若增加到 100 mA 时，就很快致人死亡，故非常危险。因此，煤矿井下取 30 mA为人身触电电流的安全值。

井下发生触电事故的原因，一般是电气设备的安装、维修不当，以及工作中疏忽大意或违章作业。预防人身触电应做好以下几方面的工作：

(1) 防止人身触电或靠近带电导体。

(2) 降低使用电压。

(3) 遵守各项安全用电作业制度。

八、人身触电的抢救

当发生人身触电时,必须立即进行抢救。及时正确的抢救可使触电者脱离危险,转危为安,否则,触电者可能丧失生命。

在抢救触电人员时,应注意如下事项:

(1) 坚持先断电后抢救的原则,尽快使触电者脱离电源。

(2) 如伤员有外伤,要保持伤口干燥,不可用水清洗创面,应按烧伤进行处理。

(3) 触电人员有的会出现长时间的"假死"症状,因此,在抢救时一定要充满信心。

九、井下用电安全措施

(1) 严禁井下配电变压器中性点直接接地;地面中性点直接接地的变压器或发电机严禁直接向井下供电。

(2) 正确安装、使用电气设备,按规定对电气设备进行检查、维修和保养。

(3) 严禁带电检修、搬迁电气设备和电缆、电线;检修或搬迁前,必须先切断电源。

(4) 严格执行停送电制度。

(5) 井下低压电网"三大保护",即过电流保护、漏电保护和保护接地应齐全。

(6) 严格电工操作规程。

(7) 正确选择电缆和铺设电缆,加强电缆管理,防止井下电缆发生事故。

(8) 井下供电应做到:无"鸡爪子"、"羊尾巴"和明接头;有过流和漏电保护装置、螺钉和弹簧垫、密封圈和挡板及接地装置;电缆悬挂整齐,设备硐室清洁整齐;防护装置、绝缘用具、图纸资料齐全;坚持使用检漏继电器、照明和信号综合保护及甲烷电和风电闭锁。

(9) 坚持煤矿井下安全用电"十不准":不准带电检修;不准甩掉无压释放装置和过流保护装置;不准甩掉漏电继电器和局部通风机风电闭锁装置;不准明火操作,明火打点,明火爆破;不准用铜、铝、铁丝代替保险丝;停风、停电的掘进工作面,未经瓦斯检查不准送电;有故障的供电线路不准强送电；电气设备的保护装置失灵后不准送电；失爆设备、失爆电器不准使用；不准在井下拆卸矿灯。

第八节　提升与运输安全

学习目标

1. 熟悉提升运输的基本任务。
2. 熟悉提升运输系统的组成。
3. 熟悉提升容器运行安全。
4. 熟悉刮板输送机运行安全。
5. 熟悉带式输送机运行安全。
6. 熟悉井下电机车运输安全。
7. 熟悉井下斜巷运输安全。

相关知识

一、提升运输的基本任务

矿井提升运输系统是矿井生产的重要环节，其基本任务是：

(1) 将井下采出的煤炭、矸石等通过提升运输系统运送到地面。

(2) 将井下生产、安全维护、巷道修护等所需要的器材、设备等运送到工作面。

(3) 运送井下工作人员。

二、提升运输系统的组成

矿井提升运输系统主要由 3 个基本环节组成，包括：井筒提升系统、水平大巷运输系统及采区运输系统。

1. 井筒提升系统

井筒提升系统是联系井下与地面的重要运输系统，利用提升机滚筒传动的钢丝绳牵引提升容器在井筒内往返运行，完成提升或下放人员及货载的任务。提升机主要有缠绕式和摩擦式两种。

2. 水平运输系统

水平运输系统主要有：

(1) 电机车运输，煤矿使用的电机车主要有架线式和蓄电池式两类。

(2) 胶轮车运输。

(3) 带式输送设备。

3. 采区运输系统

采区运输系统主要设备包括：

(1) 刮板输送机。

(2) 带式输送机。

三、提升容器运行安全

立井中升降人员应使用罐笼或带乘人间的箕斗。在井筒内作业或因其他原因，需要使用普通箕斗或救急罐笼升降人员时，必须遵守有关规定。专为升降人员和升降人员与物料的罐笼(包括有乘人间的箕斗)应符合下列要求：

(1) 乘人层顶部应设置可以打开的铁盖或铁门，两侧装设扶手。

(2) 罐底必须满铺钢板，如果需要设孔时，必须设置牢固可靠的门；两侧用钢板挡严，并不得有孔。

(3) 进出口必须装设罐门或罐帘，高度不得小于 1.2 m。罐门或罐帘下部边缘至罐底的距离不得超过 250 mm，罐帘横杆的间距不得大于 200 mm。罐门不得向外开，门轴必须防脱。

(4) 提升矿车的罐笼内必须装有阻车器。

(5) 单层罐笼和多层罐笼的最上层净高(带弹簧的主拉杆除外)不得小于 1.9 m，其他各层净高不得小于 1.8 m。带弹簧的主拉杆必须设保护套筒。

(6) 罐笼内每人占有的有效面积应不小于 0.18 m^2，罐笼每层内一次能容纳的人数应明确规定。超过规定人数时，把钩工必须加以制止。

提升装置的最大载重量和最大载重差，应在井口公布，严禁超载和超载重差运行。箕斗提升必须采用定重装载。

升降人员或升降人员和物料的单绳提升罐笼、带乘人间的箕斗，必须装设可靠的防坠器。

检修人员站在罐笼或箕斗顶上工作时，必须遵守下列规定：

(1) 在罐笼或箕斗顶上，必须装设保险伞和栏杆。

(2) 必须系保险带。

(3) 提升容器的速度一般为 0.3～0.5 m/s，不得超过 2 m/s。

(4) 检修信号必须安全可靠。

四、刮板输送机运行安全

刮板输送机因其机身高度小，便于装载，机身伸长或缩短方便，机体坚固，可用于爆破装煤工作面，运输能力不受货载的块度和湿度的影响等，在煤矿井下得到了广泛应用。常见刮板输送机运输事故有：保护不到位致使人员靠近时被转动部件绞伤；机头、机尾因锚固不牢而突然被拉翘起，打伤或挤伤附近人员；违章乘坐输送机或在溜槽内行走被刮板链拉伤、打伤等。

保证刮板输送机安全运行的主要措施有：

(1) 各运转部位应设保护罩或防护栏杆，输送机的机尾应设盖板，以防人员误入机尾内。

(2) 刮板输送机运送材料时的取放顺序是：放料要顺刮板运行方向，先放前端后放尾端；取料要先取尾端后取前端。

(3) 严禁任何人乘坐刮板输送机或在其上行走。

(4) 井下电钳工处理刮板输送机故障时，必须停电停机，并挂有“正在检修，不准送电”的牌子。

(5) 在刮板输送机长度范围内，安装声光信号或警铃，开机前先发信号，然后点动试车，待确认无问题后再正式运行。

五、带式输送机运行安全

由于带式输送机运输能力大、运距长、工作阻力小、耗电量少，而且运输过程中破碎性小，撒煤少，降低了煤尘和能耗，因而被广泛地应用于煤矿井下工作面平巷和集中运输巷。井下使用的带式输送机有普通绳架式、可伸缩式、嵌钢丝绳芯式和钢丝绳牵引式等几种类型。井下常见带式输送机事故有：人员违章乘坐、跨越带式输送机被拉伤、刮伤；运转中清理机头、机尾杂物，或清刮滚筒、托辊上的黏着物被卷入滚筒造成伤亡;检修时人员站在机头架上拉输送带,掉入驱动滚筒被挤伤等。

保证带式输送机运行安全的主要措施包括:

(1) 各运转部位要安设保护罩或保护栏杆。

(2) 在需要跨越处,必须设“过桥”。

(3) 运输机运行时,严禁用铁锨刮铲滚筒上的煤泥;清理带下积煤时,人员不得钻入带下。

(4) 严禁使用长柄工具拨正跑偏的带式输送机。

(5) 无明确规定时,带式输送机严禁乘人;在允许乘人时,必须严格按规定执行。

(6) 带式输送机开动前,要先点动试车,发出开机信号,待观察没有异常情况时,方可正式开机。

(7) 检修时必须先切断电源,停止运转,并挂“正在检修,不准送电”的牌子。

(8) 安装输送机时要做到平、直、稳,运转灵活,巷道两侧要有不少于 0.5 m 的宽度。

六、井下电机车运输安全

电机车运输是煤矿井下大巷运输环节普遍采用的运输方式,其运输能力强,运输物品范围广,机动性好。

常见电机车运输事故有:司机操作失误或巷道安全间隙不够、信号失灵等造成车辆撞人、轧人、挤人等;由于人员违章扒车、跳车,或上、下人车时不遵守安全规定,造成触电、摔伤等人身事故;车辆运行中,司机违章将头和身体伸出车外,造成人身伤害事故。

预防井下电机车事故的主要措施有:

(1) 轨道铺设质量和运输巷道两侧的安全间隙应严格按《煤矿安全规程》规定执行,并经常检查和及时处理运输线路上存在的安全隐患。

(2) 电机车司机必须经过培训,考核合格。

(3) 机车运行中,司机严禁将头和身体探出车外。

(4) 定期检修机车和矿车,并经常检查,发现安全隐患,及时处理。

(5) 机车运输时,列车或单独机车都必须前有照明,后有红灯;正常运行时，机车必须在列车前端，同一区段轨道上不得行驶非机动车辆。如果需要行驶非机动车时，必须经井下运输调度站同意；两机车或两列车在同一轨道同一方向行驶时，必须保持不少于 100 m 的距离。

(6) 列车通过的风门，必须设有当列车通过时能够发出在风门两侧都能接收到声光信号的装置。

(7) 列车的制动距离每年至少测定 1 次。

(8) 电机车架空线的悬挂高度和悬挂质量应符合《煤矿安全规程》的规定。

(9) 人员在运输巷道中乘车或行走要严格执行安全规定；携带较长的金属物件要防止触及架空线；严禁在车辆运行中扒车、跳车。

(10) 用电机车运送人员时，乘人车场的各项安全设施应符合《煤矿安全规程》的规定，人员乘车必须听从工作人员指挥。

(11) 完善电机车运输系统的通信、调度管理工作，完善运输系统的安全设施。

(12) 车辆运送的设备、材料应摆放整齐，捆绑牢固，不准超高、超长、超宽。

七、井下斜巷运输安全

斜井及采区上下山、倾斜巷道的运输工作，除采用带式输送机运送原煤外，普遍采用绞车串车运输的方法。串车运输发生最多、危害最严重的事故是跑车事故，其主要原因有：

(1) 钢丝绳断裂导致跑车。

(2) 连接装置断裂导致跑车。

(3) 窜销或脱钩导致跑车。

(4) 人员误操作导致跑车。

(5) 绞车制动装置出现故障，制动力矩不足，也会发生因制动失效而跑车。

(6) 倾斜井巷安全防护设施不全或未按规定使用，导致跑车事故发生或使事故扩大而造成人员伤亡。

为预防斜巷跑车伤人事故，应积极采取如下预防措施：

(1) 严格贯彻执行“行车不行人，行人不行车”的规定。

(2) 斜井串车提升严禁蹬钩、行人。

(3) 运送物料时,开车前把钩工必须检查牵引车数、各车的连接和装载情况。

(4) 每班都要对钢丝绳、钩头、车辆及车辆的连接装置、保险绳等进行认真检查,发现问题及时处理。

(5) 矿车与矿车间和矿车与钩头间的连接,都必须使用防脱装置。

(6) 绞车制动装置要灵活可靠,闸瓦间隙合适;司机操作时要防止发生松绳冲击;下放车辆必须给绞车送电,严禁不送电松闸放车。

(7) 绞车司机、信号工、把钩工要固定岗位,严格执行操作规程。

(8) 严格按照《煤矿安全规程》的规定在倾斜井巷内、上部平车场及各车场安设防跑车装置(阻车器、保险绳等)和跑车防护装置(挡车器或挡车栏)并严格管理,正确操作使用。

第九章　煤矿职业病危害及职业病防治

第一节　煤矿职业病危害因素及职业病类型

学习目标

1. 掌握职业病及职业病危害因素的概念。
2. 掌握煤矿常见职业病危害因素。
3. 掌握煤矿常见职业病。
4. 掌握用人单位职业病危害因素防治管理职责。
5. 掌握从业人员和用人单位职业病预防的权利和义务。

相关知识

一、职业病及职业病危害因素概述

职业病是指企业、事业单位和个体经济组织(以下统称用人单位)的劳动者在职业活动中,因接触粉尘、放射性物质和其他有毒、有害物质等因素而引起的疾病。

职业病危害因素是指在生产过程、劳动过程和生产环境这三项劳动条件中,对从业人员的健康和劳动能力产生有害作用的作业场所的危害因素。职业病危害因素包括:职业活动中存在的各种有害的化学、物理、生物因素以及在作业过程中产生的其他有害因素。

职业病是由于职业活动而产生的疾病,但并不是所有工作中得的病都是职业病。要构成职业病,必须具备四个条件:

(1) 患病主体必须是用人单位的劳动者。

(2) 必须是在从事职业活动过程中患病的。

(3) 必须是因接触粉尘、放射性物质和其他有毒、有害物质等职业病危害因素引起的。

(4) 必须是国家公布的职业病分类和目录所列的职业病。

二、煤矿常见职业病危害因素

煤矿生产中主要的职业病危害因素有粉尘、有毒有害气体、噪声和振动、不良气候条件等。

1. 粉尘

粉尘是煤矿的主要职业病危害因素之一。煤矿生产中,采煤、掘进、支护、提升运输、巷道维修等生产环节均会产生粉尘,这些粉尘可能使从业人员患上尘肺病。

2. 有毒有害气体

由于井下爆破、煤氧化、煤中放出等原因,矿井空气中含有甲烷(CH_4)、一氧化碳(CO)、二氧化碳(CO_2)、二氧化氮(NO_2)、硫化氢(H_2S)、二氧化硫(SO_2)、氨气(NH_3)等有毒有害气体,会导致职业中毒。

3. 噪声和振动

煤矿噪声和振动主要来源于井下机械化生产,其危害取决于生产过程、生产工艺和所使用的工具,如风动凿岩机和局部通风机的噪声和振动等。职工长期在噪声下工作,可能造成听力下降,甚至引起耳聋;长期接触振动,可能导致局部疼痛,甚至引起内脏器官损伤。

4. 不良气候条件

煤矿井下的不良气候条件有气温高、湿度大,不同地点风速大小不等和温差大等。长期在潮湿环境下工作的人员易患风湿性关节炎等。此外,劳动强度大、作业姿势不良也是煤矿井下工作的特点,易造成井下从业人员腰腿疼和各种外伤。

三、煤矿常见职业病

1. 矽肺

矽肺是由于职工在生产活动中长期在含游离二氧化硅10%以上、粉尘浓度大于2 mg/m^3或含游离二氧化硅10%以下、粉尘浓度大于

10 mg/m³的环境中工作，吸入含游离二氧化硅呼吸性粉尘（矽尘）而引起的以肺组织弥漫性纤维化为主的全身性疾病。

2. 煤工尘肺

煤工尘肺是由于职工在煤炭生产活动中长期吸入煤尘并在肺内滞留而引起的以肺组织弥漫性纤维化为主的全身性疾病。煤工尘肺病是我国煤炭行业累计患病人数、每年发病人数最多，对煤矿工人身体健康危害最大的职业病。

尘肺病

3. 水泥尘肺

水泥尘肺是由于职工在生产活动中长期吸入较高浓度的水泥粉尘而引起的一种尘肺病。水泥尘肺发病工龄较长，病情进展缓慢，发病工龄多在10～15年。

4. 职业性噪声聋

职业性噪声聋是由于职工在生产活动中长期接触高噪声而发生的一种进行性的听觉损伤。患者早期会出现听力下降，长期接触后，听力损失不能完全恢复，由功能性改变发展为器质性推行性病变。

四、用人单位职业病危害因素防治管理职责

1. 人员配备

（1）职业病危害严重的用人单位，应当设置或者指定职业卫生管理机构或者组织，配备专职职业卫生管理人员。

（2）其他存在职业病危害的用人单位，劳动者超过100人的，应当设置或者指定职业卫生管理机构或者组织，配备专职职业卫生管理人员；劳动者在100人以下的，应当配备专职或者兼职的职业卫生管理人员，负责本单位的职业病防治工作。

2. 培训管理

（1）用人单位的主要负责人和职业卫生管理人员应当具备与本单位所从事的生产经营活动相适应的职业卫生知识和管理能力，并接受职业卫生培训。

（2）用人单位主要负责人、职业卫生管理人员的职业卫生培训，应当包括下列主要内容：

① 职业卫生相关法律、法规、规章和国家职业卫生标准；

② 职业病危害预防和控制的基本知识；

③ 职业卫生管理相关知识；

④ 国家卫生行政部门和应急管理部门规定的其他内容。

(3) 用人单位应当对劳动者进行上岗前的职业卫生培训和在岗期间的定期职业卫生培训，普及职业卫生知识，督促劳动者遵守职业病防治的法律、法规、规章、国家职业卫生标准和操作规程。

(4) 用人单位应当对职业病危害严重岗位的劳动者，进行专门的职业卫生培训，经培训合格后方可上岗作业。

(5) 因变更工艺、技术、设备、材料，或者岗位调整导致劳动者接触的职业病危害因素发生变化的，用人单位应当重新对劳动者进行上岗前的职业卫生培训。

3．工作场所要求

产生职业病危害的用人单位的工作场所应当符合下列基本要求：

(1) 生产布局合理，有害作业与无害作业分开。

(2) 工作场所与生活场所分开，工作场所不得住人。

(3) 有与职业病防治工作相适应的有效防护设施。

(4) 职业病危害因素的强度或者浓度符合国家职业卫生标准。

(5) 有配套的更衣间、洗浴间、孕妇休息间等卫生设施。

(6) 设备、工具、用具等设施符合保护劳动者生理、心理健康的要求。

(7) 法律、法规、规章和国家职业卫生标准的其他规定。

4．警示标识设置

(1) 产生职业病危害的用人单位，应当在醒目位置设置公告栏，公布有关职业病防治的规章制度、操作规程、职业病危害事故应急救援措施和工作场所职业病危害因素检测结果。

(2) 存在或者产生职业病危害的工作场所、作业岗位、设备、设施，应当按照《工作场所职业病危害警示标识》(GBZ 158)的规定，在醒目位置设置图形、警示线、警示语句等警示标识和中文警示说明。警示说明应当载明产生职业病危害的种类、后果、预防和应急处置措施等内容。

(3) 存在或产生高毒物品的作业岗位，应当按照《高毒物品作业岗位职业病危害告知规范》(GBZ/T 203)的规定，在醒目位置设置高毒物品告知卡。告知卡应当载明高毒物品的名称、理化特性、健康危害、防护措施及应急处理等告知内容与警示标识。

5. 职业病危害因素检测

(1) 存在职业病危害的用人单位，应当实施由专人负责的工作场所职业病危害因素日常监测，确保监测系统处于正常工作状态。

(2) 存在职业病危害的用人单位，应当委托具有相应资质的职业卫生技术服务机构，每年至少进行一次职业病危害因素检测。

(3) 职业病危害严重的用人单位，应当委托具有相应资质的职业卫生技术服务机构，每三年至少进行一次职业病危害现状评价。

(4) 检测、评价结果应当存入本单位职业卫生档案，并给劳动者公布。

(5) 存在职业病危害的用人单位，有下述情形之一的，应当及时委托具有相应资质的职业卫生技术服务机构进行职业病危害现状评价：

① 初次申请职业卫生安全许可证，或者职业卫生安全许可证有效期届满申请换证的；

② 发生职业病危害事故的；

③ 原国家安全生产监督管理总局规定的其他情形。

用人单位应当落实职业病危害现状评价报告中提出的建议和措施，并将职业病危害现状评价结果及整改情况存入本单位职业卫生档案。

(6) 用人单位在日常的职业病危害监测或者定期检测、现状评价过程中，发现工作场所职业病危害因素不符合国家职业卫生标准和卫生要求时，应当立即采取相应治理措施，确保其符合职业卫生环境和条件的要求；仍然达不到国家职业卫生标准和卫生要求的，必须停止存在职业病危害因素的作业；职业病危害因素经治理后，符合国家职业卫生标准和卫生要求的，方可重新作业。

(7) 向用人单位提供可能产生职业病危害的设备的，应当提供中文说明书，并在设备的醒目位置设置警示标识和中文警示说明。警示说明应当载明设备性能、可能产生的职业病危害、安全操作和维护注意事项、职业病防护措施等内容。

6. 职业病危害因素告知

(1) 用人单位与劳动者订立劳动合同(含聘用合同，下同)时，应当将工作过程中可能产生的职业病危害及其后果、职业病防护措施和待遇等如实告知劳动者，并在劳动合同中写明，不得隐瞒或者欺骗。

(2) 劳动者在履行劳动合同期间因工作岗位或者工作内容变更，从事与所订立劳动合同中未告知的存在职业病危害的作业时，用人单位应当依照(1)中规定，向劳动者履行如实告知的义务，并协商变更原劳动合同相关条款。

(3) 用人单位违反规定的，劳动者有权拒绝从事存在职业病危害的作业，用人单位不得因此解除与劳动者所订立的劳动合同。

7. 职业健康体检和档案管理

(1) 对从事接触职业病危害因素作业的劳动者，用人单位应当按照《用人单位职业健康监护监督管理办法》、《放射工作人员职业健康管理办法》、《职业健康监护技术规范》(GBZ 188)、《放射工作人员健康要求及监护规范》(GBZ 98)等有关规定，组织上岗前、在岗期间、离岗时的职业健康检查，并将检查结果书面如实告知劳动者。

(2) 职业健康检查费用由用人单位承担。

(3) 用人单位应当按照《用人单位职业健康监护监督管理办法》的规定，为劳动者建立职业健康监护档案，并按照规定的期限妥善保存。

(4) 职业健康监护档案应当包括劳动者的职业史、职业病危害接触史、职业健康检查和处理结果和职业病诊疗等有关个人健康的资料。

劳动者健康出现损害需要进行职业病诊断、鉴定的，用人单位应当如实提供职业病诊断、鉴定所需的劳动者职业史和职业病危害接触史、工作场所职业病危害因素检测结果和放射工作人员个人剂量监测结果等资料。

8. 用人单位职业卫生档案管理内容

(1) 职业病防治责任制文件。

（2）职业卫生管理规章制度、操作规程。

（3）工作场所职业病危害因素种类清单、岗位分布以及作业人员接触情况等资料。

（4）职业病防护设施、应急救援设施基本信息，以及其配置、使用、维护、检修与更换等记录。

（5）工作场所职业病危害因素检测、评价报告与记录。

（6）职业病防护用品配备、发放、维护与更换等记录。

（7）主要负责人、职业卫生管理人员和职业病危害严重工作岗位的劳动者等相关人员职业卫生培训资料。

（8）职业病危害事故报告与应急处置记录。

（9）劳动者职业健康检查结果汇总资料，存在职业禁忌证、职业健康损害或者职业病的劳动者处理和安置情况记录。

（10）建设项目职业卫生“三同时”有关技术资料，以及其备案、审核、审查或者验收等有关回执或者批复文件。

（11）职业卫生安全许可证申领、职业病危害项目申报等有关回执或者批复文件。

（12）其他有关职业卫生管理的资料或者文件。

9. 职业病危害事故及职业病病人管理

（1）用人单位发生职业病危害事故，应当及时向所在地安全生产监督管理部门和有关部门报告，并采取有效措施，减少或者消除职业病危害因素，防止事故扩大。对遭受或者可能遭受急性职业病危害的劳动者，用人单位应当及时组织救治、进行健康检查和医学观察，并承担所需费用。

（2）用人单位不得故意破坏事故现场、毁灭有关证据，不得迟报、漏报、谎报或者瞒报职业病危害事故。

（3）用人单位发现职业病病人或者疑似职业病病人时，应当按照国家规定及时向所在地安全生产监督管理部门和有关部门报告。

（4）工作场所使用有毒物品的用人单位，应当按照有关规定向安全生产监督管理部门申请办理职业卫生安全许可证。

（5）用人单位在安全生产监督管理部门行政执法人员依法履行监

督检查职责时，应当予以配合，不得拒绝、阻挠。

五、从业人员和用人单位职业病预防的权利和义务

1. 从业人员职业卫生保护权利

(1) 获得职业卫生教育、培训。

(2) 获得职业健康检查、职业病诊疗、康复等职业病防治服务。

(3) 了解工作场所产生或者可能产生的职业病危害因素、危害后果和应当采取的职业病防护措施。

(4) 要求用人单位提供符合防治职业病要求的职业病防护设施和个人使用的职业病防护用品，改善工作条件。

(5) 对违反职业病防治法律、法规以及危及生命健康的行为提出批评、检举和控告。

(6) 拒绝违章指挥和强令进行没有职业病防护措施的作业。

(7) 参与用人单位职业卫生工作的民主管理，对职业病防治工作提出意见和建议。

用人单位应当保障劳动者行使上述权利。因劳动者依法行使正当权利而降低其工资、福利等待遇或者解除、终止与其订立的劳动合同的，其行为无效。

2. 从业人员职业卫生保护义务

劳动者应当学习和掌握相关的职业卫生知识，增强职业病防范意识，遵守职业病防治法律、法规、规章和操作规程，正确使用、维护职业病防护设备和个人使用的职业病防护用品，发现职业病危害事故隐患应当及时报告。劳动者不履行上述规定义务的，用人单位应当对其进行教育。

3. 用人单位职业卫生保护义务

(1) 配备防护设施、治理职业危害。

(2) 对作业场所职业病危害因素进行评价与管理。

(3) 对劳动者进行健康监护(上岗前、在岗中、离岗时)。

(4) 按规定用不同的形式将职业病危害因素告知劳动者(合同告知、工作场所警示告知、培训教育)。

(5) 建立危害监测和劳动者健康档案。

(6) 职业病报告义务。
(7) 对患职业病的劳动者救治、安置。
(8) 为劳动者依法参加工伤劳动保险。
(9) 落实职业危害治理和职业病防治经费。
(10) 对未成年工、女工进行保护。

第二节 煤矿主要职业病危害因素防治措施

学习目标

1. 掌握粉尘的概念及其浓度限值。
2. 掌握矿尘的防治。
3. 掌握有毒有害气体的防治。
4. 掌握生产性噪声的防护。
5. 掌握生产性振动的危害和防护。
6. 掌握高温作业的防护。

相关知识

煤矿职业病的防治,坚持"预防为主、防治结合"的方针,遵循三级预防的原则。第一级预防是使劳动者尽可能不接触职业危害因素,即使在职业危害不可避免的情况下,采取措施降低生产环境中职业危害因素浓度或强度,使之达到国家职业卫生标准;第二级预防是通过早期发现职业损害,并及时处理,防止进一步发展;第三级预防是对已患职业病者,及时做出诊断和进行恰当的治疗,防止病情恶化和发生并发症,促进康复。

煤矿生产中主要的职业病危害有粉尘、有毒有害气体、噪声和振动、不良气候条件等,应积极采取防治措施,降低甚至消除煤矿职业病危害因素。煤矿职业病危害因素防治措施主要包括以下内容。

一、粉尘的概念及其浓度限值

煤矿粉尘主要是煤尘、岩尘和水泥尘。煤尘进入人肺使人患煤肺病，岩尘进入人肺使人患矽肺病，水泥尘进入人肺使人患水泥肺病，通称为尘肺病。

《煤矿安全规程》规定，作业场所空气中粉尘（总粉尘、呼吸性粉尘）浓度应当符合表 9-1 的要求。不符合要求的，应当采取有效措施。

表 9-1　作业场所空气中粉尘浓度要求

粉尘种类	游离 SiO_2 含量/%	时间加权平均容许浓度/(mg/m^3)	
		总尘	呼尘
煤尘	＜10	4	2.5
矽尘	10～50	1	0.7
	50～80	0.7	0.3
	≥80	0.5	0.2
水泥尘	＜10	4	1.5

注：时间加权平均容许浓度是以时间加权数规定的 8 h 工作日、40 h 工作周的平均容许接触浓度。

二、矿尘的防治

井工煤矿必须建立防尘洒水系统。永久性防尘水池容量不得小于 200 m^3，且贮水量不得小于井下连续 2 h 的用水量，备用水池贮水量不得小于永久性防尘水池的 50%。防尘管路应当铺设到所有能产生粉尘和沉积粉尘的地点，没有防尘供水管路的采掘工作面不得生产。防尘措施如下：

（1）减尘措施。减少采掘作业时的粉尘产生量，包括煤层注水、采空区灌水、湿式打眼、水炮泥爆破等措施。

（2）降尘措施。包括各产尘点设喷雾洒水装置净化风流、转载点封闭、泡沫除尘等。

（3）通风排尘。调整合适的风速，加强排尘。

三、有毒有害气体的防治

矿井空气中含有甲烷（CH_4）、一氧化碳（CO）、二氧化碳（CO_2）、二氧化氮(NO_2)、硫化氢(H_2S)、二氧化硫(SO_2)、氨气(NH_3)等有毒有害气体,会导致职业中毒。有毒有害气体的防治措施如下:

(1) 消除有毒有害气体。煤矿井下的有毒有害气体主要来源于炮烟和煤氧化、火灾等。由于很多有毒有害气体是易溶于水的,通过加强通风和喷雾洒水可以排除和降低有毒有害气体含量,净化空气,这是消除毒物危害的最根本、最有效的措施。

(2) 加强个人防护。炮烟未散去或作业现场空气质量太差时,不要着急进入工作面,待炮烟散尽、现场空气质量好转时再进入工作面。同时应用好防护服、防护面具、防尘口罩、自救器等。

(3) 提高机体抵抗能力。对于在有害物质场所作业的人员,给予必要的保健待遇,加强营养和锻炼。

(4) 加强对有害物质的监测,掌握有害物质浓度含量,做到心中有数,控制其危害程度。

(5) 对受到危害的人员及时进行健康检查。必要时实行转岗、换岗作业。

(6) 加强有害物质及预防措施的宣传教育工作。建立健全安全生产责任制、卫生责任制和岗位安全责任制。

四、生产性噪声的防护

噪声危害会损害听觉,引起各种病症,引发安全事故。预防噪声危害的措施如下:

(1) 控制噪声传播。隔声:用吸声材料、吸声结构和隔声装置将噪声源封闭,防止噪声传播。消声:用吸声材料铺装室内墙壁或悬挂于室内空间,吸收辐射和反射声能,降低传播中噪声的强度水平。

(2) 采用合理的防护措施。使用耳塞防护,合适的耳塞隔声效果可达 30～40 dB(A),对高频噪声的阻隔效果较好。

(3) 合理安排劳动制度。工作时间穿插休息时间,休息时间离开噪声环境,限制噪声工作时间,可减轻噪声对人体的危害。

(4) 卫生保健措施。对受到噪声危害的人员定期体检,听力下降者需要及时治疗,严重者调离噪声作业岗位。就业前体检或定期体检中发现有听觉器官疾病、心血管疾病、神经系统器质性疾病者,不得从事噪声环境工作。

五、生产性振动的危害和防护

在生产过程中，按振动作用于人体的方式可分为局部振动和全身振动两种。其中局部振动是最常见的和危害较大的振动。

振动危害的预防措施：

(1) 局部振动的减振措施。改革工艺和设备，改革工作制度，合理使用减振用品，建立合理的劳动制度，限制作业人员接触振动时间。煤矿井下的振动危害主要来自风动凿岩机、综采综掘及其他机械。

(2) 全身振动的减振措施。在有可能产生较大振动设备的周围设置隔离地沟，衬以橡胶、软木等减振材料，以确保振动不能外传。对振动源采取减振措施，如用弹簧等减振阻尼器，减少振动的传递距离。在井下采煤机、掘进机、柴油车等座椅下加泡沫垫等，减弱运行中由于各种原因传来的振动。另外，利用尼龙件代替金属件，可减少机器的振动，及时检修设备，可以防止因零件松动引起的振动。

六、高温作业的防护

高温作业对循环系统、消化系统、泌尿系统、神经系统等都有危害。高温作业的防护措施如下：

(1) 通风降温。加大风速排除热量，合适的风速可使温度降到一定的程度。

(2) 喷雾洒水降温。在工作面喷雾洒水既可以降温又可以降尘。

(3) 保健防护。供给含盐饮料，以补充人体所需水分和盐分。

(4) 发放保健食品。高温环境下作业，人体能量消耗快，应增加蛋白质、热量、维生素等的摄入，以减轻疲劳，提高工作效率。

(5) 个人防护。给工作人员提供结实、耐热、宽大、便于操作的工作服、工作帽、防护眼镜、隔热面具、隔热靴等。

(6) 医疗防护。对高温条件下作业人员进行就业前体检，凡有心血管系统疾病、高血压、溃疡病、肺气肿、肝病、肾病等疾病不宜从事高温作业的人员，不得安排从事高温作业或调离高温作业。

第三节　煤矿劳动防护用品的配备

学习目标

掌握煤矿劳动防护用品的配备知识。

相关知识

劳动防护用品是指由用人单位为劳动者配备的，使其在劳动过程中免遭或者减轻事故伤害及职业病危害的个体防护装备。劳动防护用品是由用人单位提供的，保障劳动者安全与健康的辅助性、预防性措施，不得以劳动防护用品替代工程防护设施和其他技术、管理措施。

根据《用人单位劳动防护用品管理规范》以及《煤矿职业安全卫生个体防护用品配备标准》(AQ 1051)的要求，用人单位应按照识别、评价、选择的程序，结合劳动者作业方式和工作条件，并考虑其个人特点及劳动强度，选择防护功能和效果适用的劳动防护用品，并指导劳动者正确佩戴和使用。

(1) 接触粉尘，有毒、有害物质的劳动者应当根据不同粉尘种类、粉尘浓度和游离二氧化硅含量及毒物的种类和浓度配备相应的呼吸器、防护服、防护手套和防护鞋等。

(2) 接触噪声的劳动者当暴露于 80 dB(A)≤8 h 等效声级<85 dB(A)的工作场所时，用人单位应当根据劳动者需求为其配备适用的护听器；当暴露于 8 h 等效声级≥85 dB(A)的工作场所时，用人单位必须为劳动者配备适用的护听器。

(3) 工作场所中存在电离辐射危害的，经危害评价确认劳动者需佩戴劳动防护用品的，用人单位可参照电离辐射的相关标准及《个体防护装备配备规范》(GB 39800)为劳动者配备劳动防护用品。

(4) 从事存在物体坠落、碎屑飞溅、转动机械和锋利器具等作业的劳动者，用人单位还可参照《个体防护装备配备规范》(GB 39800)、《头

部防护 安全帽选用规范》(GB/T 30041)和《坠落防护装备安全使用规范》(GB/T 23468)等标准,为劳动者配备适用的劳动防护用品。

(5) 同一工作地点存在不同种类的危险、有害因素的,应当为劳动者同时提供防御各类危害的劳动防护用品。需要配备劳动防护用品的,还应考虑其可兼容性。劳动者在不同地点工作,并接触不同的危险、有害因素,或接触不同危害程度的有害因素的,为其选配的劳动防护用品应满足不同工作地点的防护需求。

(6) 劳动防护用品的选择还应当考虑其佩戴的合适性和基本舒适性,根据个人特点和需求选择适合型号、式样。

(7) 用人单位应当在可能发生急性职业损伤的有毒、有害工作场所配备应急劳动防护用品,放置于现场邻近位置并配有醒目标识。用人单位应当为巡检等流动性作业的劳动者配备随身携带的个人应急防护用品。

第四节 职业病诊断、鉴定与职业病患者保障

学习目标

1. 掌握职业病诊断与鉴定。
2. 掌握职业健康监护。

相关知识

一、职业病诊断与鉴定

劳动者健康出现损害需要进行职业病诊断、鉴定的,煤矿企业应当如实提供职业病诊断、鉴定所需的劳动者职业史和职业病危害接触史、作业场所职业病危害因素检测结果等资料。

1. 职业病诊断

职业病诊断必须在职业病诊断机构进行,应选择用人单位所在地、劳动者本人户籍所在地或者经常居住地的职业病诊断机构进行职业病

诊断。职业病诊断机构应组织3名以上单数职业病诊断医师进行集体诊断。职业病诊断医师独立分析、判断并提出诊断意见，任何单位和个人无权干预。职业病诊断机构做出职业病诊断结论后，出具职业病诊断证明书，证明书包括诊断结论和诊断时间。

2. 职业病鉴定

当事人如果对职业病诊断结果或职业病鉴定结论存在异议，可以在接到职业病诊断证明书之日起30日内，向职业病诊断机构所在地设区的市级卫生行政部门申请鉴定。当事人对设区的市级卫生行政部门职业病鉴定结论不服的，可以在接到鉴定书之日起15日内，向原鉴定组织所在地省级卫生行政部门申请再次鉴定。职业病鉴定实行两级鉴定制，省级职业病鉴定为最终鉴定。

3. 职业健康监护档案

煤矿应当为劳动者个人建立职业健康监护档案，并按照有关规定的期限妥善保存。职业健康监护档案应当包括劳动者个人基本情况、劳动者职业史和职业病危害接触史，历次职业健康检查结果及处理情况，职业病诊疗等资料。劳动者离开煤矿时，有权索取本人职业健康监护档案复印件，煤矿必须如实、无偿提供，并在所提供的复印件上签章。

二、职业健康监护

职业健康监护是指以预防为目的，根据劳动者的职业接触史，通过定期或不定期的医学健康检查和健康相关资料的收集，连续监测劳动者的健康状况，分析劳动者健康变化与所接触的职业病危害因素之间的关系，并及时将健康检查和资料分析结果报告给用人单位和劳动者本人，以便及时采取干预措施，保护劳动者健康。

职业健康监护主要包括职业健康检查和职业健康监护档案管理等内容。

1. 职业健康检查

职业健康检查分为上岗前职业健康检查、在岗期间职业健康检查和离岗时职业健康检查。

2. 职业健康检查项目及体检周期

根据《职业健康监护技术规范》(GBZ 188)的基本要求，按照《煤矿

作业场所职业病危害防治规定》,与煤炭行业有关的职业健康检查项目及周期如下:

(1) 游离二氧化硅粉尘,检查周期1年。

(2) 煤尘,检查周期2年。

(3) 水泥尘、电焊烟尘,检查周期2年。

(4) 噪声,检查周期:作业场所噪声8 h等效声级大于等于85 dB(A),1年1次;作业场所噪声8 h等效声级大于等于80 dB(A)且小于85 dB(A),2年1次。

(5) 高温,检查周期1年,应在每年高温季节到来之前进行。

(6) 手传振动,检查周期2年。

(7) 氮氧化物,检查周期1年。

(8) 一氧化碳,检查周期3年。

(9) 硫化氢,检查周期3年。

《煤矿作业场所职业病危害防治规定》中规定:煤矿不得安排未经上岗前职业健康检查的人员从事接触职业病危害的作业;不得安排有职业禁忌的人员从事其所禁忌的作业;不得安排未成年工从事接触职业病危害的作业;不得安排孕期、哺乳期的女职工从事对本人和胎儿、婴儿有危害的作业。劳动者接受职业健康检查应当视同正常出勤,煤矿企业不得以常规健康检查代替职业健康检查。

第十章　自救、互救与现场急救

大量煤矿事故证明，当矿井发生灾害事故后，事故现场人员在万分危急的情况下，依靠自己的智慧和力量，积极正确地开展自救和互救工作，是最大限度地减少事故损失的重要环节。因此，每个入井人员都必须掌握自救、互救的基本方法。

第一节　自救器的使用

学习目标

1. 掌握化学氧自救器的使用。
2. 掌握压缩氧自救器的使用。

相关知识

自救器是入井人员在井下发生火灾、瓦斯煤尘爆炸、煤与瓦斯突出时防止有害气体中毒或缺氧窒息的一种随身携带的呼吸保护器具。自救器是一种体积小、重量轻、便于携带的个人防护装备。

自救器介绍

煤矿必须使用隔离式自救器。隔离式自救器能防护所有的有害气体，它的作用包括提供氧气、防止窒息和防止有害气体中毒。隔离式自救器分类如表 10-1 所示。

表 10-1 隔离式自救器的分类

分类	压缩氧	化学氧
气源	压缩氧气	化学生氧
周期	反复使用	一次性
维护保养	复杂	简单
适用范围	有毒有害气体、缺氧环境	

一、压缩氧自救器的使用

压缩氧自救器是指利用压缩氧气供氧的隔离式呼吸保护器。多用于灾区大气环境中缺氧或存在有毒有害气体的情况，是一种可重复使用的自救器，每次使用后只需要更换吸收二氧化碳的吸收剂和重新充装氧气即可重复使用。

1. 压缩氧自救器的结构

压缩氧自救器的结构如图 10-1 所示。

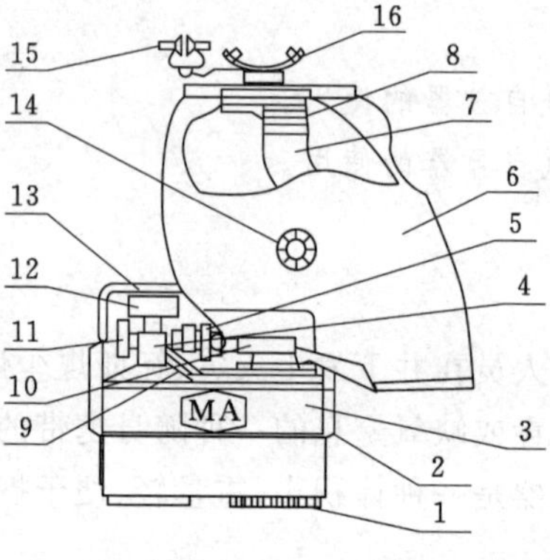

1—底盖；2—挂钩；3—清净罐；4—氧气瓶；5—减压阀；6—气囊；
7—呼气软管；8—呼气阀；9—支架；10—补气压板；11—手轮开关；12—压力表；
13—上盖；14—排气阀；15—鼻夹；16—口具。

图 10-1 压缩氧自救器的结构图

2. 防护特点

(1) 提供人员逃生时所需的氧气，防护各种毒气。

(2) 可反复多次使用。

(3) 用于有毒气体或缺氧的环境。

(4) 可用于压风自救系统的配套装备。

3. 使用方法

(1) 佩戴位置。将专用腰带穿入自救器腰带环内,固定在背部右侧腰间,如图 10-2(a)所示。

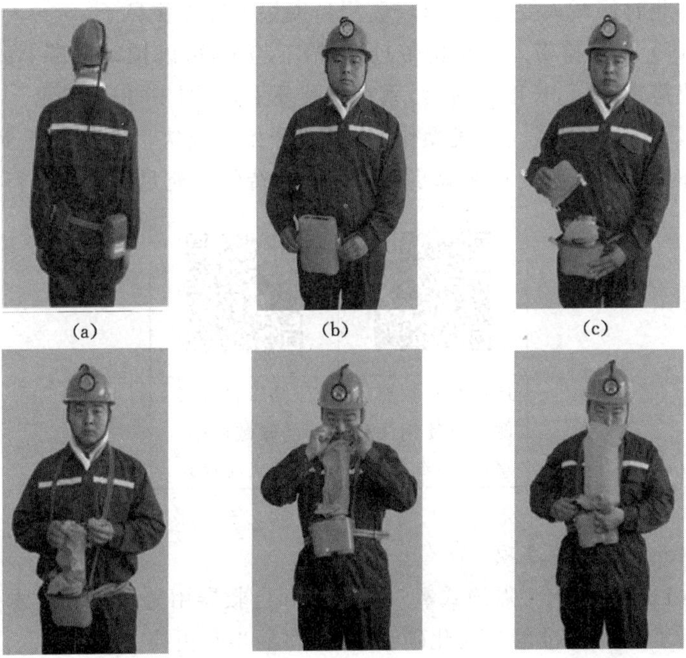

(a)　(b)　(c)　(d)　(e)　(f)

图 10-2　压缩氧自救器的使用方法

(2) 开启扳手。使用时先将自救器沿腰带转到右侧腹前,左手托底,右手拉护罩胶片,使护罩挂钩脱离壳体并丢掉,再用右手掰锁口带扳手至封印条断开,丢开锁口带,如图 10-2(b)所示。

(3) 去掉上外壳。左手抓住下外壳,右手将上外壳用力拔下、扔掉,如图 10-2(c)所示。

（4）套上挎带。将挎带套在脖子上，如图 10-2(d)所示。

（5）提起口具并立即戴好。用力提起口具，此时气囊逐渐鼓起，立即拔掉口具塞并同时将口具塞入口中，口具片置于唇齿之间，牙齿紧紧咬住牙垫，紧闭嘴唇，如图 10-2(e)所示。若尼龙绳被拉断，气囊未鼓起，可以直接拉启动环。

（6）夹好鼻夹。两手同时抓住两个鼻夹垫的圆柱形把柄，将鼻夹拉开，此时佩戴人要憋住一口气，用鼻夹垫准确夹住鼻子。

（7）调整挎带。如果挎带过长，抬不起头，可以拉动挎带上的大圆环，使挎带缩短，长度适宜后，系在小圆环上，如图 10-2(f)所示。

（8）退出灾区。上述操作完成后，开始撤离灾区。途中感到吸气不足时不要惊慌，应放慢脚步，做深呼吸，待气量充足后再快步行走。

压缩氧自救器的佩戴与使用注意事项（三维仿真）	压缩氧自救器的佩戴使用（真人实操）

4. 使用注意事项

（1）使用符合《隔绝式氧气呼吸器和自救器用氢氧化钙技术条件》(MT/T 454)标准的二氧化碳吸收剂，每隔半年更换一次。

（2）清净罐中的二氧化碳吸收剂，无论是否使用到额定防护时间，必须倒空后，重新换装新药。

（3）用于充填自救器的氧气应符合《医用及航空呼吸用氧》(GB/T 8982)标准的规定。

（4）每隔 3 年要对氧气瓶做水压试验。

（5）每隔半年检查一次气密性和氧气压力。

（6）使用中要经常观察压力表，以掌握耗氧情况。

（7）高压氧气瓶储装有 20 MPa 的氧气，携带过程中要防止撞击、磕碰和摔落,不许把压缩氧自救器当坐垫使用。

(8) 呼气和吸气时要慢而深(即深呼吸)。口与自救器的距离不能过近,以免气囊内的呼气软管打折,增加呼气阻力。

(9) 使用中应防止利器刺伤、划伤气囊。

(10) 在未达到安全地点时严禁摘下自救器。

二、化学氧自救器的使用

化学氧自救器是指利用化学生氧物质产生氧气的隔离式呼吸保护器。适用于灾区大气中缺氧或存在有毒有害气体的环境,可供一般入井人员使用,只能使用 1 次。

以 ZH30D 化学氧自救器为例,其中字母 Z 代表自救器;H 代表化学氧;30 代表防护时间为 30 min;D 代表设计序号。

1. 化学氧自救器结构

化学氧自救器的结构如图 10-3 所示。

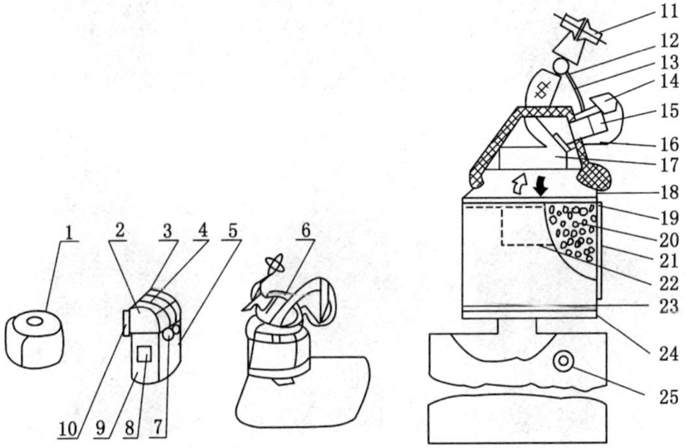

1—保护套;2—上外壳;3—前锁口带;4—封印条;5—使用注意牌;6—呼吸保护器;7—后封口带;8—铭牌;9—下外壳;10—皮带穿环;11—鼻夹;12—头带;13—鼻夹绳;14—口具;15—口具塞;16—降温网;17—口水挡板;18—生氧罐;19—上过滤装置;20—生氧剂;21—隔热底座;22—快速启动筒;23—下过滤装置;24—气囊;25—排气阀。

图 10-3　化学氧自救器结构图

2. 防护特点

(1) 提供工作人员逃生时所需的氧气。

(2) 呼吸在人体与自救器之间循环进行,与外界空气成分无关,能防护各种毒气。

(3) 用于火灾、爆炸、煤与瓦斯突出的灾区中逃生。

3. 使用方法

(1) 佩戴位置。将专用腰带穿入自救器腰带环内,固定在背部右侧腰间,如图 10-4(a)所示。

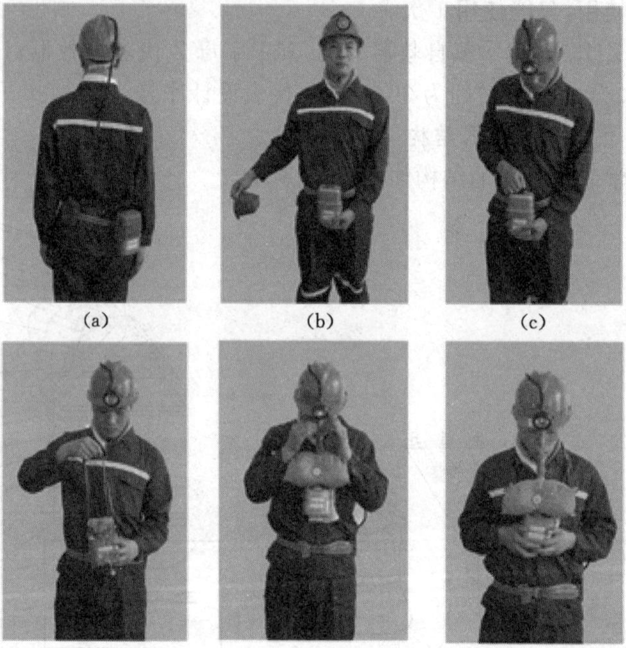
(a) (b) (c)
(d) (e) (f)

图 10-4　化学氧自救器的使用方法

(2) 开启扳手。使用时先将自救器沿腰带转到右侧腹前,左手托底,右手拉护罩胶片,使护罩挂钩脱离壳体并丢掉,再用右手掰锁口带扳手至封印条断开,丢开锁口带,如图 10-4(b)所示。

(3) 去掉上外壳。左手抓住下外壳，右手将上外壳用力拔下、扔掉，如图 10-4(c)所示。

(4) 套上挎带。将挎带套在脖子上，如图 10-4(d)所示。

(5) 提起口具并立即戴好。用力提起口具，此时气囊逐渐鼓起，立即拔掉口具塞并同时将口具塞入口中。口具片置于唇齿之间，牙齿紧紧咬住牙垫，紧闭嘴唇，如图 10-4(e)所示。若尼龙绳被拉断，气囊未鼓起，可以直接拉启动环。

(6) 夹好鼻夹。两手同时抓住两个鼻夹垫的圆柱形把柄，将鼻夹拉开，此时佩戴人要憋住一口气，用鼻夹垫准确夹住鼻子。

(7) 调整挎带。如果挎带过长，抬不起头，可以拉动挎带上的大圆环，使挎带缩短，长度适宜后，系在小圆环上，如图 10-4(f)所示。

(8) 退出灾区。上述操作完成后，开始撤离灾区。途中感到吸气不足时不要惊慌，应放慢脚步，做深呼吸，待气量充足后再快步行走。

化学氧自救器的佩戴与使用注意事项(三维仿真)	化学氧自救器的佩戴使用(真人实操)

4. 使用注意事项

(1) 每班携带自救器前，应检查自救器外壳有无损伤或松动，如发现不正常现象应及时将自救器送到发放室检查校验。

(2) 携带自救器时，应避免碰撞、跌落，禁止将自救器当坐垫使用；禁止使用尖锐的器具猛砸外壳或药罐；禁止自救器接触带电体或浸泡在水中。

(3) 携带自救器时，在任何场所不准随意打开自救器上外壳；如果自救器上外壳已意外开启，应立即停止携带，做报废处理。

(4) 在井下工作时，一旦发现事故征兆，应立即佩戴自救器并迅速撤离。佩戴自救器要求操作准确、迅速。

(5) 佩戴自救器撤离火区时,要冷静、沉着,最好匀速行走。

(6) 在整个逃生过程中,要注意把口具、鼻夹戴好,保证不漏气,严禁从嘴中取下口具说话。

(7) 吸气时,感觉比平时正常吸气干、热一些,表明自救器在正常工作,对人体无害,此时千万不可取下自救器。

(8) 呼气时发现气囊瘪而不鼓,并渐渐缩小时,表明自救器的使用时间已接近终点,要做好应急准备。

第二节 避难硐室的自救避灾

学习目标

1. 掌握永久避难硐室相关规定。
2. 掌握临时避难硐室相关规定。
3. 掌握在避难硐室避难时应注意的相关事项。

相关知识

避难硐室是井下发生灾害事故后,人员无法撤离灾区时的避难场所。避难硐室分事先构筑好的永久避难硐室和由避灾人员用身边现有材料建造的临时避难硐室两种。

一、永久避难硐室

永久避难硐室预先设在井底车场附近或采区工作地点安全出口的路线上,距工作地点不能太远(即在自救器的有效工作时间内可到达)。避难硐室的容积原则上应能容纳采区的全体人员。硐室内应备有供避灾人员呼吸用的供气装备(如压风自救装置)、通信设备、自救器、药品、食物等。需要注意两个问题:一是硐室内的供气装置要有保障,即空气气源能长时间供气,遇险人员使用的呼吸装置要佩戴方便、迅速,呼吸自如舒畅。二是硐室内要存放一定数量的自救器,其防护时间要长一些(如 30 min 以上的化学氧和压缩氧自救器),确保遇险人员在条件允许时,佩戴自救器从避难硐室撤到安全地点或井上。进入避难硐室的流程如图 10-5 所示。

二、临时避难硐室

临时避难硐室是矿井出现灾变事故时,遇险人员在等待救援的过程中利用现场的材料临时搭建的设施。临时避难硐室是利用独头巷道、硐室或两道风门之间的巷道,由避灾人员临时修建的,所以,应在这些地点事先准备好所需的木板、木桩、风筒、黏土、砂子或砖等材料,还应装有带阀门的压气管。避灾时,若无构筑材料,避灾人员就用衣服和身边现有的材料临时构筑避难硐室,以减少有害气体的侵入。密闭门应该打两道,人站在里面打。

三、在避难硐室避难时的注意事项

(1) 进入避难硐室前,应在硐室外留有矿灯、衣服、工具等明显标志,以便矿山救护队及时发现。

(2) 避难人员在避难硐室中应保持安静,不急躁,尽量俯卧于巷道底部,避免不必要的体力和氧气消耗,以便延长避难时间。

(3) 在避难中,要保持良好的精神状态和心理状态,坚持克服各种困难,坚定信心。

(4) 硐室内只留一盏矿灯照明,其余熄灭,以备人员撤离时使用。自救器、急救袋暂时可以不用的应停止使用,一方面以备延长待救时间,另一方面以备重伤员抢救之用。

(5) 在避难硐室内可间断地敲打铁器、岩石等,发出呼救信号。

(6) 避难时要密切注意避难地点附近风流和瓦斯的情况,要不断争取待救时间(进入有压风管的避难硐室时应立即打开压风管)。若避难地点条件恶化,危及人员生命安全时,应立即转移到附近安全地点。

(7) 被水堵在上山的人员,不要向下跑,不要盲目探险。水被排走露出顶板时,也不要急于出来,以防 SO_2、H_2S 等气体中毒。

(8) 看到救护队员后不要过于激动,以防血管破裂。避难时间过长被救后,不能过多饮食和接受强烈光线,以防损伤消化器官和眼睛。

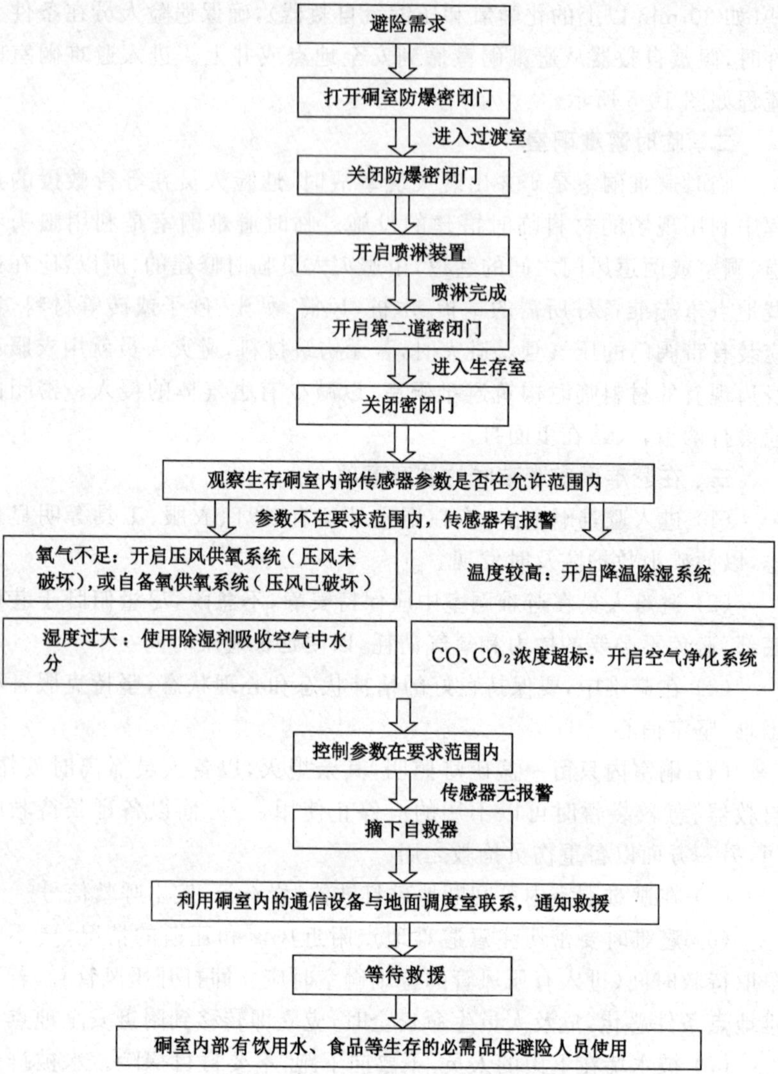

图 10-5　进入避难硐室的流程图

第三节　现场急救

学习目标

1. 掌握心肺复苏的相关内容。
2. 掌握止血的方法和相关要求。
3. 掌握创伤包扎的方法和相关要求。
4. 掌握骨折临时固定的相关要求。
5. 掌握伤员搬运护送的相关内容。
6. 掌握对不同伤员现场急救的相关内容。

相关知识

现场急救的关键在于“及时”，时间上突出一个“急”字，技术上突出一个“救”字，争取在最短的时间内有效完成急救和安全转运任务。快抢、快救和快运是事故伤员救治工作的第一步，不但直接关系到伤员的生死，而且能为后续各级救治打下基础，必须及时、准确。要做好伤员分类工作，优先抢救危重伤员，积极防止休克、感染等并发症。

现场互救必须遵守转运原则：初步止血、骨折简易固定、保证生命体征平稳、医护全程护送、边救边送、就近医院救治。

现场急救必须遵守“三先三后”的原则：

(1) 对窒息（呼吸道完全堵塞）或心跳、呼吸骤停的伤员，必须先进行人工呼吸或心脏复苏后再搬运。

(2) 对出血的伤员，先止血后搬运。

(3) 对骨折的伤员，先固定后搬运。

现场急救的方法包括心肺复苏、止血、创伤包扎、骨折临时固定和伤员搬运。

一、心肺复苏

煤矿井下每名职工都要掌握急救相关知识。一旦发现有人晕倒应采取如下 4 个步骤措施：第一步判断意识；第二步呼救；第三步翻转体位；第四步胸外心脏按压，如图 10-6 所示。

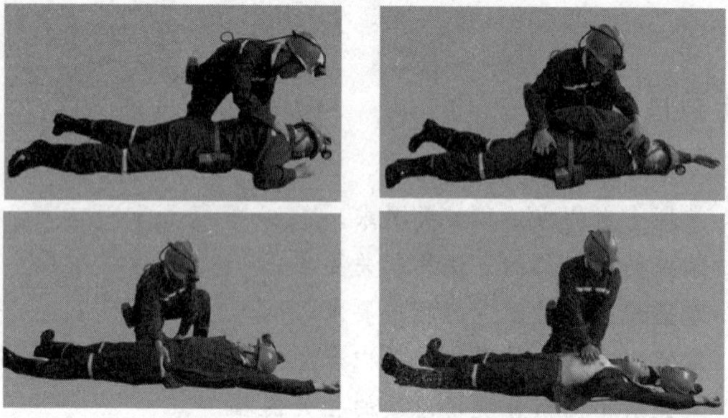

图 10-6　发现有人晕倒的处理程序

1. 胸外心脏按压

胸外心脏按压部位位于胸部正中，乳头连线水平（两乳头连线中点），右手中、食指沿一侧肋弓向内上方滑动至胸骨下端，左手掌根靠紧食指，放于胸骨上，按压频率 100～120 次/分钟，按压深度 5～6 cm，如图 10-7(a)所示。

心肺复苏操作步骤

胸外心脏按压操作方法如下：

首先使伤员仰卧在木板上或地上，解开其上衣和腰带，脱掉其胶鞋。救护者位于伤员右侧，手掌面与前臂垂直，一手掌面压在另一手掌面上，使双手重叠置于伤员胸骨 1/3 处（其下方为心脏），以双肘和臂肩之力有节奏地、冲击式地向脊柱方向用力按压，使胸骨压下陷至少 5～6 cm；按压后，迅速抬手使胸骨复位，以利于心脏的舒张。按压次数以每分钟 100～120 次为宜。按压过快，心脏舒张不够充分，心室内血液不能完全充盈；按压过慢，动脉压力低，效果也不好，如图 10-7(b)所示。

进行胸外心脏按压时的注意事项如下：

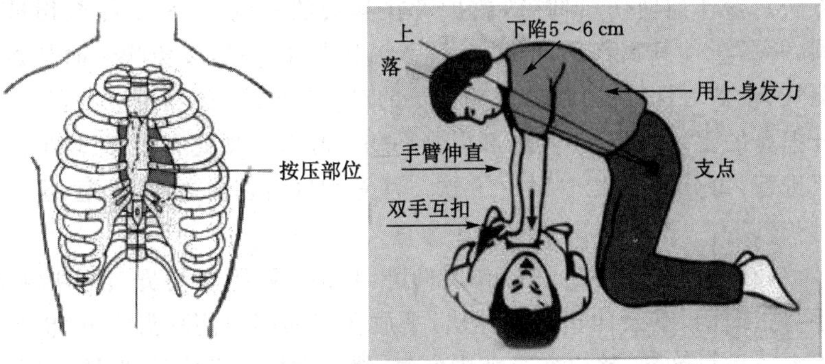

(a) (b)

图 10-7 胸外心脏按压部位示意

(1) 按压的力量应因人而异。对身强力壮的伤员按压力量可大些,对年老体弱的伤员力量宜小些。按压的力量要稳健有力、均匀规则,重力应放在手掌根部,着力仅在胸骨处,切勿在心尖部按压。同时注意用力不能过猛,否则可致肋骨骨折、心包积血或引起气胸等。

(2) 胸外心脏按压与口对口吹气法最好同时施行,无论单人心肺复苏还是双人心肺复苏,均为每按压心脏 30 次,做口对口人工呼吸 2 次。

(3) 按压显效时,可摸到颈总动脉、股动脉搏动,散大的瞳孔开始缩小,皮肤转为红润。

2. 人工呼吸

适用于休克、溺水、有害气体中毒、窒息或外伤窒息等引起的呼吸停止、假死状态者。

在施行人工呼吸前,先将伤员运送到安全、通风良好的地点,然后将伤员领口解开,注意保持体温,腰背部垫上软的衣服等。先清除口中脏物,把舌头拉出或压住,防止堵住喉咙、妨碍呼吸。各种有效的人工呼吸都必须在呼吸道畅通的前提下进行。常用的方法有口对口吹气法、仰卧压胸法和俯卧压背法 3 种。

(1) 口对口吹气法。它是效果最好、操作最简单的一种人工呼吸方法。操作前使伤员仰卧，救护者在其头的一侧，一只手托起伤员下颌，并尽量使其头部后仰，另一只手将其鼻孔捏住，以免吹气时从鼻孔漏气；救护者深吸一口气，紧贴伤员的口将气吹入，使伤员吸气，然后松开捏鼻的手，并用手压其胸部以帮助伤员呼气。如此有节律、均匀地反复进行，每分钟应吹气 14～16 次。注意吹气时切勿过猛、过短，也不宜过长，以占一次呼吸周期的 1/3 为宜。

(2) 仰卧压胸法。先让伤员仰卧，救护者跨跪在伤员大腿两侧，两手拇指向内，其余四指向外伸出，平放在其胸部两侧乳头之下，借半身重力压伤员胸部，挤出伤员肺内空气；然后救护者身体后仰，除去压力，伤员胸部依其弹性自然扩张，使空气吸入肺内。如此有节律地进行，要求每分钟压胸 16～20 次。

此法不适用于胸部外伤或 SO_2、NO_2 中毒者，也不能与胸外心脏按压法同时进行。

(3) 俯卧压背法。此法与仰卧压胸法操作大致相同，只是伤员俯卧，救护者跨跪在伤员大腿两侧。因为这种方法便于排出肺内水分，因而对溺水者急救较为适合。

二、止血

1. 少量出血的处理

表面伤口和擦伤，应该用干净的水冲洗，用创可贴或干净的纱布、手绢包扎伤口。

2. 严重出血的止血方法

(1) 直接压迫止血，如图 10-8 所示。

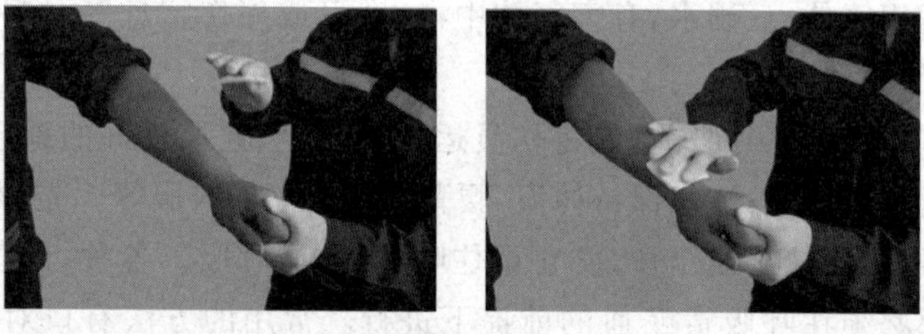

图 10-8　直接压迫止血示意图

（2）加压包扎止血，如图 10-9 所示。

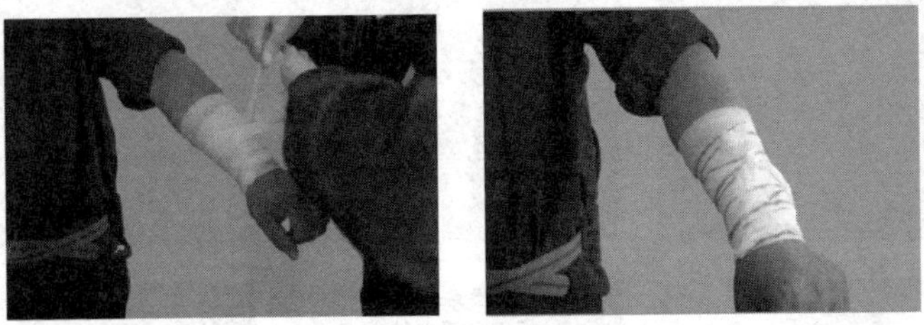

图 10-9　加压包扎止血示意图

（3）止血带止血。

① 表带式止血带止血，如图 10-10 所示。

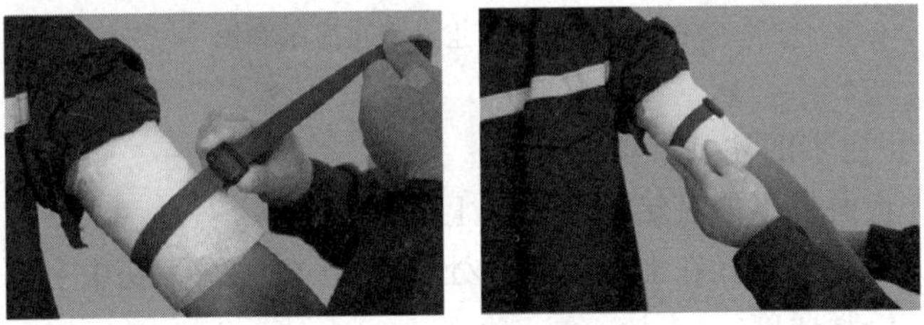

图 10-10　表带式止血带止血示意图

② 橡胶管止血带止血，如图 10-11 所示。

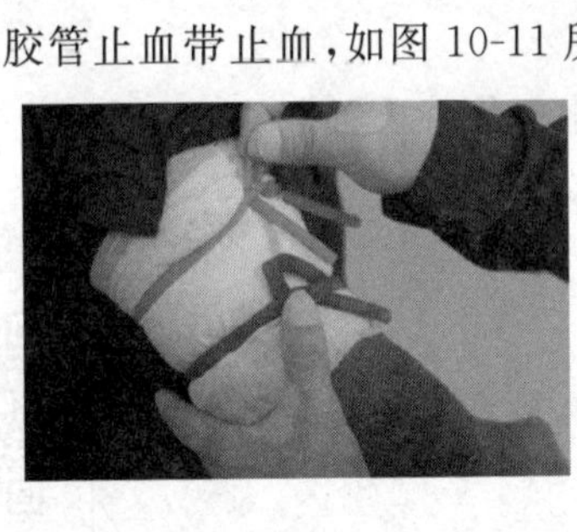

图 10-11　橡胶管止血带止血示意图

橡胶管止血带止血法操作步骤

（3）布带止血带止血，如图 10-12 所示。

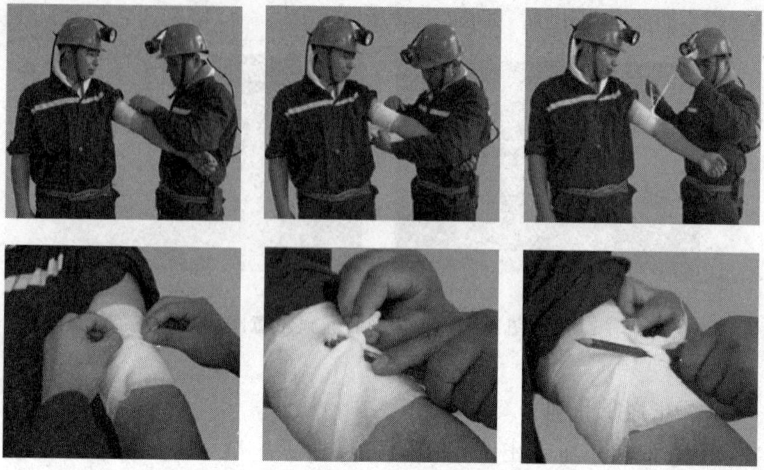

图 10-12　布带止血带止血示意图

上止血带的注意事项如下：

① 止血带不能直接缠在皮肤上。

② 上肢出血扎在上臂上 1/3 处、下肢出血扎在大腿中上部。

③ 松紧适度。

④ 做好明显标记。

⑤ 每隔 40～50 min 放松一次，每次放松 2～3 min。放松时，应采取指压止血。

⑥ 不能用铁丝、电线、绳索等代替止血带。

⑦ 结扎止血带的时间一般不应超过 2 h。

三、创伤包扎

1. 包扎的目的

止血、保护伤口、防止感染、固定夹板和敷料。

2. 包扎的要求

轻、快、准、牢，先盖后包。

3. 包扎的材料

绷带、三角巾、四头带、多头带或就地取材。

绷带包扎
操作步骤

4. 绷带包扎方法

(1) 环形包扎,如图 10-13 所示。

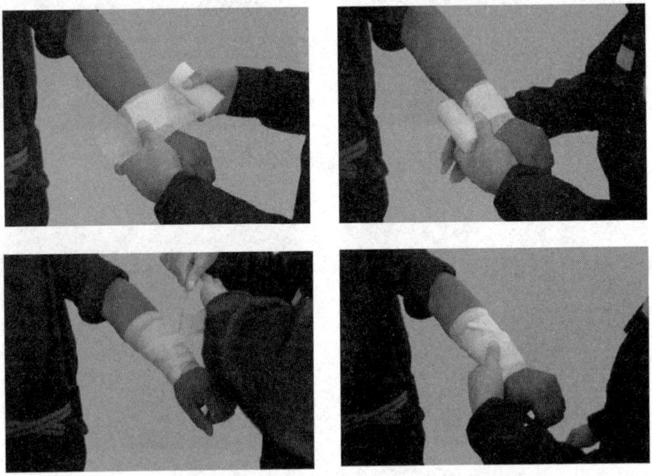

图 10-13　环形包扎示意图

(2) 螺旋包扎,如图 10-14 所示。

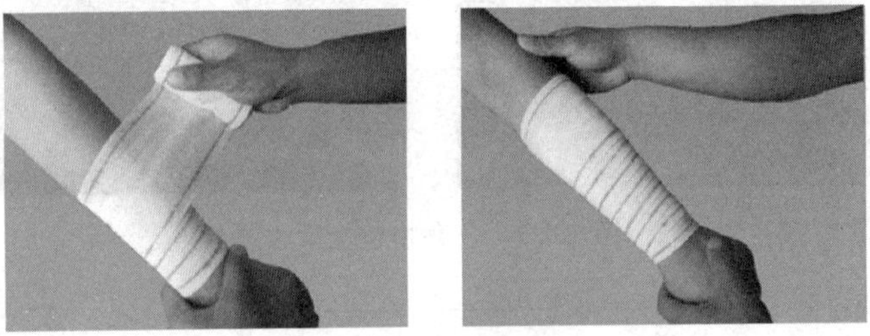

图 10-14　螺旋包扎示意图

(3) 螺旋反折包扎,如图 10-15 所示。

(4) “8”字包扎,如图 10-16 所示。

(5) 三角巾包扎,如图 10-17 所示。

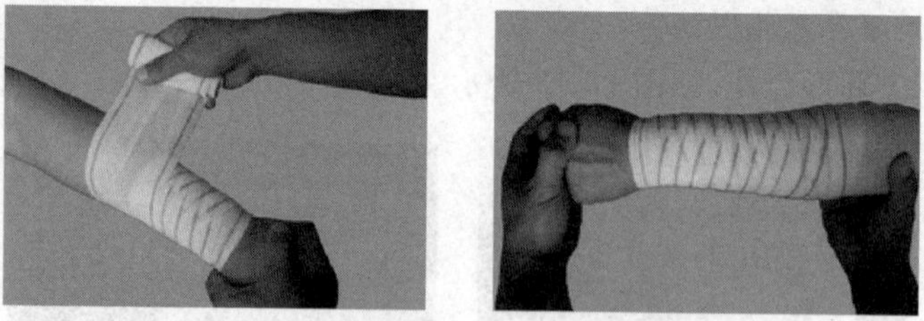

图 10-15　螺旋反折包扎示意图

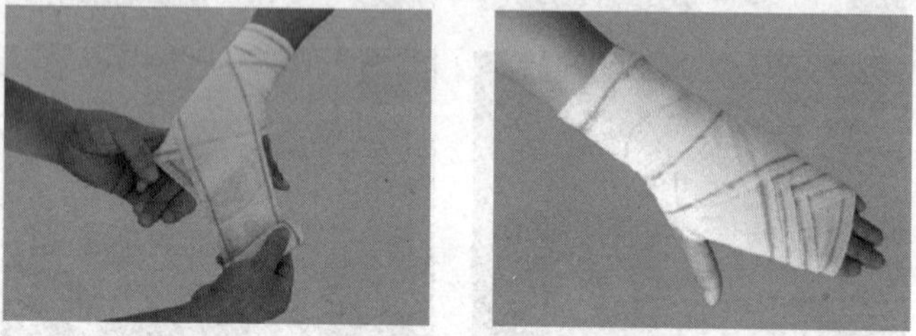

图 10-16　“8”字包扎示意图

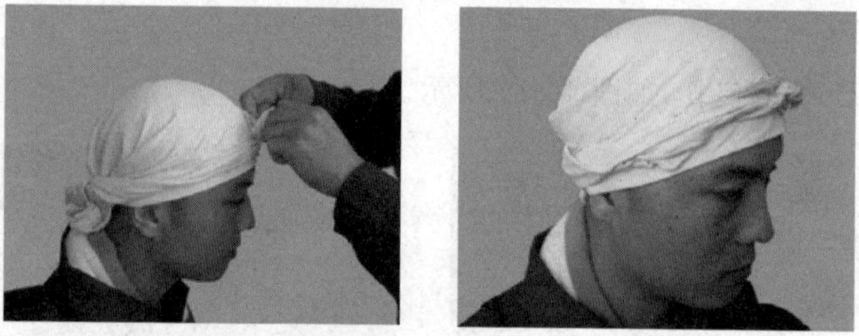

图 10-17　三角巾包扎示意图

三角巾包扎
操作步骤

四、骨折临时固定

(1) 骨折原因:外力导致。

(2) 骨折判定:肿胀、疼痛、畸形、功能障碍。

(3) 骨折固定目的:制动、避免再次损伤、利于搬运。

(4) 骨折固定材料:夹板、充气夹板、固定架、健侧肢体、就地取材。

(5) 骨折固定原则:

① 首先检查患者意识、呼吸、脉搏以及处理严重出血。

② 夹板的长度应能将骨折处的上下关节一同加以固定。

③ 骨断端暴露,不要拉动,不要送回伤口内。

④ 开放性骨折现场不要冲洗、不要涂药,应该先止血包扎,再固定。

⑤ 暴露肢体末端,以便观察血液循环情况。

(6) 固定方法

① 锁骨骨折固定方法,如图 10-18 所示。

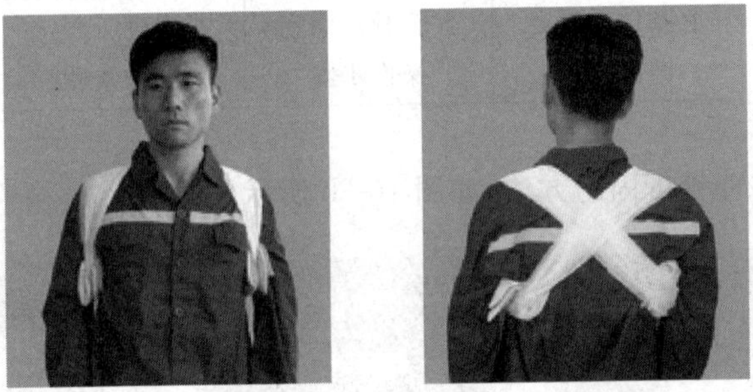

图 10-18　锁骨骨折固定方法

② 上肢(上臂)骨折、上臂下段(髁上)骨折固定方法,如图 10-19 所示

图 10-19　上肢骨折固定方法

上肢骨折固定 操作步骤	大腿骨折固定 操作步骤	小腿骨折固定 操作步骤

③ 前臂骨折固定方法，如图 10-20 所示。

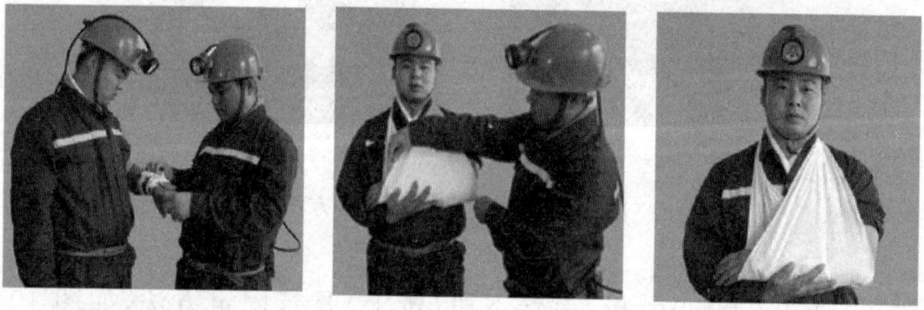

图 10-20　前臂骨折固定方法

④ 下肢(大腿)骨折固定方法，如图 10-21 所示。

图 10-21　下肢(大腿)骨折固定方法

⑤ 下肢(小腿)骨折固定方法,如图 10-22 所示。

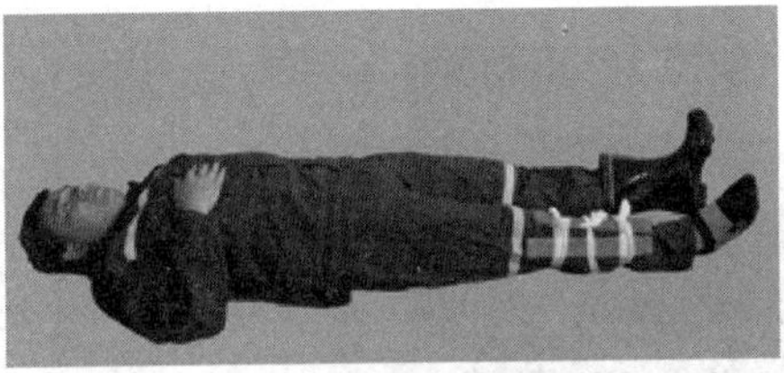

图 10-22　下肢(小腿)骨折固定方法

五、伤员的搬运护送

搬运时应尽量不增加伤员的痛苦,避免造成新的损伤及并发症。

1. 单人徒手搬运法

(1) 扶行法,如图 10-23 所示。

(2) 背负法,如图 10-24 所示。

图 10-23　扶行法

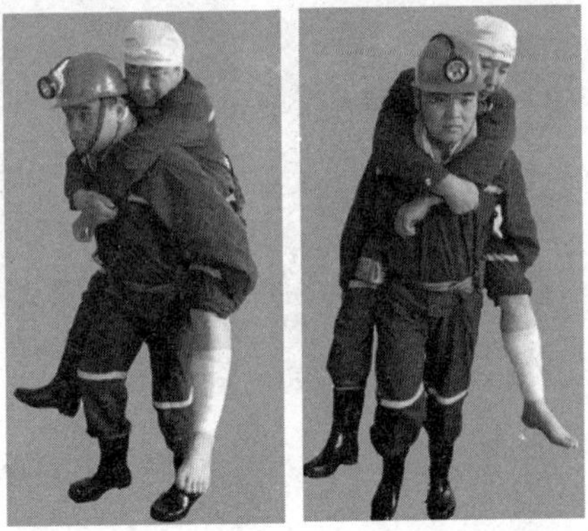

图 10-24　背负法

(3) 拖行法(腋下拖行、衣服拖行、毛毯拖行),如图 10-25 所示。

图 10-25　拖行法

(4) 爬行法,如图 10-26 所示。

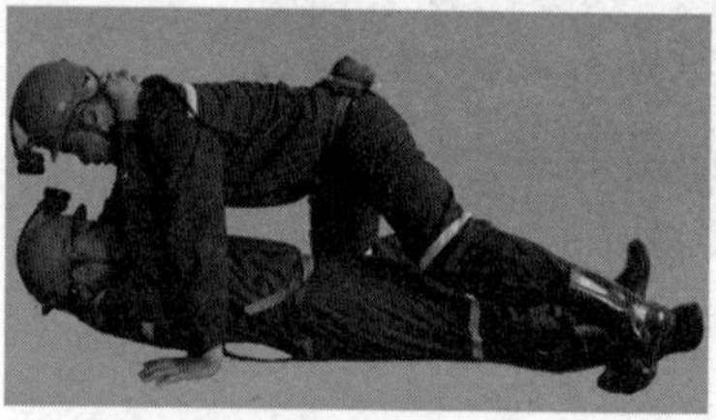

单人搬运法

图 10-26　爬行法

2. 双人徒手搬运法

(1) 轿杠式,如图 10-27 所示。

图 10-27　轿杠式

(2) 椅拖式,如图 10-28 所示。

图 10-28　椅拖式

双人搬运法	三人搬运法

3. 三人徒手搬运法

三人徒手搬运法如图 10-29 所示。

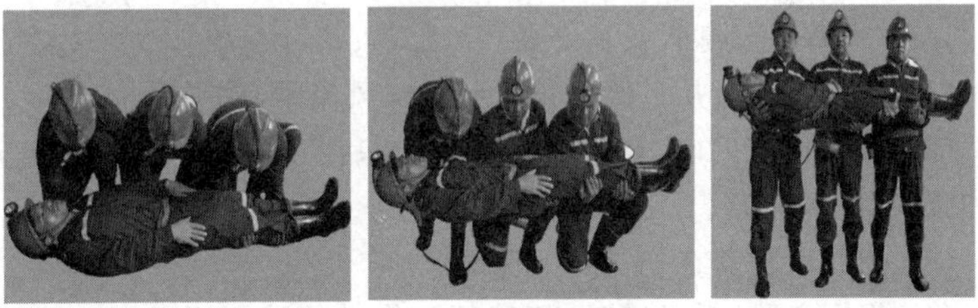

图 10-29　三人徒手搬运法

4. 四人徒手搬运法

四人徒手搬运法如图 10-30 所示。

图 10-30　四人徒手搬运法

5. 担架搬运

担架搬运如图 10-31 所示。

图 10-31 担架搬运

六、对不同伤员的现场急救

1. 对中毒或窒息人员的急救

(1) 立即将伤员从危险区抢运到新鲜风流中,取平卧位。

(2) 立即将伤员口、鼻内的黏液、血块、泥土、碎煤等除去,解开上衣和腰带,脱掉胶鞋。

(3) 用衣服覆盖在伤员身上保暖。

(4) 根据心跳、呼吸、瞳孔等特征和伤员的神智情况,初步判定伤情的轻重。

(5) 当伤员出现眼红肿、流泪、畏光、喉痛、咳嗽、胸闷现象时,说明是二氧化硫中毒所致。当出现眼红肿、流泪、喉痛及手指、头发呈黄褐色现象时,说明是二氧化氮中毒。一氧化碳中毒的显著特征是嘴唇呈桃红色,两颊有红斑点。对二氧化硫、二氧化氮的中毒者只能进行口对口的人工呼吸,不能进行压胸或压背法的人工呼吸。

(6) 人工呼吸持续的时间以恢复自主性呼吸或到伤员真正死亡时为止。当救护队来到后,转由救护人员用苏生器苏生。

2. 对外伤人员的急救

对外伤人员、烧伤人员、出血人员和骨折人员的急救,应分别采用包扎创面、止血和骨折临时固定等急救措施,然后迅速送往地面,到医院救治。

3．对溺水者的急救

突水中，人员溺水时，可能造成呼吸困难而窒息死亡。对溺水者应采取如下措施急救：

（1）转送：把溺水者从水中救出后，立即送到比较温暖和空气流动的地方，松开腰带，脱掉湿衣服，盖上干衣服保暖。

（2）检查：检查溺水者的口鼻，如果有泥水和污物堵塞，应迅速清除，擦洗干净，以保持呼吸道通畅。

（3）控水：将溺水者取俯卧位，用木料、衣服等垫在其肚子下面；施救者左腿跪下，把溺水者的腹部放在右侧大腿上，使其头朝下；按压其背部，迫使水从体内流出。

（4）上述控水效果不理想时，应立即做俯卧压背法人工呼吸或口对口吹气，或胸外心脏按压。

4．对触电者的急救

（1）立即切断电源，或使触电者脱离电源。

（2）迅速观察伤员有无呼吸和心跳。如发现已停止呼吸或心音微弱，应立即进行人工呼吸或胸外心脏按压。

（3）若呼吸和心跳都已停止，应同时进行人工呼吸或胸外心脏按压。

（4）对遭受电击者，若有其他损伤，如跌伤、出血等，应做相应的急救处理。

5．对冒顶埋压人员现场急救

（1）扒伤员时须注意不要损伤其身体。靠近伤员身边时，扒掘动作要轻巧稳重，以免对伤员造成伤害。

（2）如果确知伤员头部位置，应先扒去其头部煤岩块，以使头部尽早露出。头部扒出后，要立即清除口腔、鼻腔的污物，与此同时扒身体其他部位。

（3）此类伤员常常发生骨折，因此在扒掘与抬离时必须十分小心。严禁用手去拖拉伤员双脚或用其他粗鲁动作，以免使伤势加重。

（4）当伤员呼吸困难或停止呼吸时，可进行口对口人工呼吸。

（5）有大出血者，应立即止血。

(6) 有骨折者,应用夹板固定。如怀疑有脊柱骨折者,应该用硬板担架转运,千万不能由人扶持或抬运。

(7) 转运时须有医务人员护送,以便对发生的危险情况给予急救。

6. 对长期被困在井下的人员急救

(1) 严禁用矿灯照射遇险者的眼睛,应用毛巾、衣服片、纸张等蒙住其眼睛。

(2) 用棉花或纸张堵住双耳。

(3) 注意保暖。

(4) 不能立即升井,应将其放在安全地点逐渐适应环境和稳定情绪。待情绪稳定,体温、脉搏、呼吸及血压等稍有好转后,方可升井送医院。

(5) 搬运时要轻抬轻放、缓慢行走,注意伤情变化。

(6) 升井后和治疗初期,劝阻亲属探视,以免伤员因过度兴奋发生意外。

(7) 不能让其吃过量或硬的食物,限量吃一些稀软、易消化的食物,以使肠胃功能逐渐恢复。

第十一章　煤矿典型事故案例分析

学习目标

通过瓦斯、顶板、火灾、冲击地压、水灾、煤尘爆炸、机电和运输等事故的案例分析，掌握事故预防的措施。

相关知识

一、陕西省某煤矿“8·21”重大瓦斯爆炸事故

(1) 事故经过

2023 年 8 月 21 日 14 时 50 分，带班矿领导李某伟(通防副总工程师兼通风科科长)带领通风队瓦斯检查班班长赵某小，瓦斯检查员李某刚、高某同、侯某卫，测风员刘某宇，冲尘工白某等 7 人下井启封 301 盘区运输巷里段盲巷密闭并排放瓦斯。约 17 时 20 分，当班瓦斯检查员贺某飞、安全检查员张某凯巡回检查至 301 盘区运输巷移动变电硐室处时听到 301 盘区运输巷里段有砸墙的声音，此时 301 盘区运输巷移动变电硐室处瓦斯情况正常。约 18 时，贺某飞、张某凯走到 301 盘区运输巷密闭墙处，发现李某伟和 2 名工人正在砸墙，另外 4 名工人在连接风筒；当砸开密闭墙下部约三分之一时，贺某飞携带的便携式瓦斯检测仪报警显示密闭墙附近瓦斯浓度超过 4%，用 10%量程的光学瓦斯检测仪检查瓦斯，显示浓度超过 10%。约 18 时 30 分，贺某飞、张某凯离开密闭处时，发现此时风筒已连接到密闭墙砸开的洞口，侯某卫用开启 2 min、停止 5～10 min 的方法交替启停控制风机，排放密闭墙内的瓦斯。18 时 40 分，当班瓦斯检查员贺某飞二次检查 301 盘区运输巷移动变电硐室处上部瓦斯，发现瓦斯浓度达 6.04%，此时密闭墙内高

浓度瓦斯已逆流扩散至移动变电硐室处。约 19 时，通风副总李某伟带领瓦斯班长赵某小等人陆续来到移动变电硐室。约 19 时 30 分，贺某飞和张某凯离开移动变电硐室，约 20 时 31 分，两人巡检至 301 盘区运输巷六联巷口时听到第一次爆炸声，冲击波把两人冲倒在地，紧接着听到第二次爆炸声。20 时 31 分，地面调度室值班员徐某鹏、监测监控员孙某琴同时发现“301 盘区变电所断电、301 盘区回风巷掘进工作面局部通风机断电、301 盘区瓦斯传感器断线”，徐某鹏通过调度电话向井下 1303 综采工作面带式输送机机头处询问情况无人接听。20 时 40 分，1303 综采工作面人员向调度室汇报“301 盘区里面出事了，有人员受伤，赶紧派人下井救援”。

事故造成 11 人死亡、11 人受伤，直接经济损失 1 919.2 万元

(2) 事故原因分析

① 直接原因

排放 301 盘区运输巷密闭墙以里盲巷内瓦斯时，排出的瓦斯一部分通过约 0.6 m 高的 N001301 停采开切眼随风流进入与之串联的 301 盘区七联巷隐瞒炮掘工作面，一部分扩散蔓延(排瓦斯风机产生“循环风”)到 301 盘区运输巷移变硐室区域；301 盘区七联巷隐瞒炮掘工作面作业人员抽烟点火引起瓦斯爆炸，爆炸火焰逆风流传入 301 盘区运输巷密闭墙至移动变电硐室区域引起二次瓦斯爆炸。

② 间接原因

a. 严重违法违规组织生产。

b. 安全主体责任不落实。

c. 日常安全管理混乱。

d. 技术管理缺失。

e. 安全培训不到位。

③ “三违”行为原因分析

a. 违章启封密闭，排放瓦斯“一风吹”，瓦斯超限后，当班带班领导继续组织工人冒险作业。

b. 职工入井不带人员定位卡或带其他人员的定位卡下井，作业人员携带烟草、点火物品入井，部分管理人员入井不带自救器、不带便携

式瓦斯检测仪。

c. 侯某卫用开启 2 min、停止 5～10 min 的方法交替启停控制风机，排放密闭墙内的瓦斯，违章作业。

d. 带班矿领导李某伟(通防副总工程师兼通风科科长)带领通风队瓦斯检查班班长赵某小，瓦斯检查员李某刚、高某同、侯某卫，测风员刘某宇，冲尘工白某等 7 人下井启封 301 盘区运输巷里段盲巷密闭并排放瓦斯，违章指挥。

挑战答题

说明：挑战答题均为判断题，答案在文中找，下同。

① 贺某飞携带的便携式瓦斯检测仪报警显示密闭墙附近瓦斯浓度超过 4%，用 10%量程的光学瓦斯检测仪检查瓦斯，显示浓度超过 10%，是本起事故的直接原因。 (　　)

② 排瓦斯风机产生“循环风”，属于正常排放措施。 (　　)

③ 带班矿领导李某伟(通防副总工程师兼通风科科长)带领通风队瓦斯检查班班长赵某小，瓦斯检查员李某刚、高某同、侯某卫，测风员刘某宇，冲尘工白某等 7 人下井启封 301 盘区运输巷里段盲巷密闭并排放瓦斯，是违章作业。 (　　)

(3) 事故防范措施

① “三违”行为防范措施

a. 严禁违章擅自启封密闭或排放瓦斯“一风吹”，瓦斯超限后，当班带班领导应立即组织工人停止作业并撤退。

b. 严禁职工入井不带人员定位卡或带其他人员的定位卡下井，作业人员严禁携带烟草、点火物品入井，部分管理人员入井必须携带自救器、便携式瓦斯检测仪。

c. 严禁用开启 2 min、停止 5～10 min 的方法交替启停控制风机，以排放密闭墙内的瓦斯。

② 其他防范措施

a. 严格落实企业安全生产主体责任。

b. 扎实开展重大灾害普查治理。

c. 强化事故警示教育和安全教育培训。

d. 加强应急体系和能力建设。

挑战答题

④ 所有人员严禁擅自启封密闭。 （ ）

⑤ 排瓦斯可以“一风吹”。 （ ）

⑥ 瓦斯检查员发现瓦斯浓度超限，可以继续作业。 （ ）

二、湖南省某煤矿“8·8”一般顶板事故

(1) 事故经过

2024 年 8 月 8 日 7 时 20 分，带班矿领导曹某亮组织召开班前会，安全员李某平、瓦斯检查员郑某贵及维修班 5 人（班长谢某生、副班长李某兵、曾某庆、杨某生、陈某山）等参加会议，安排当班工作任务，并交代有关安全注意事项。曹某亮安排谢某生、李某兵、曾某庆 3 人去 22142 回风巷维修，杨某生、陈某山两人去 22142 运输巷架设支护。8 时 03 分，曹某亮、李某平一起入井，11 时到达 22142 回风巷维修作业点检查。此时，22142 回风巷维修作业人员尚未进班，曹某亮发现该维修作业点有冒落的煤矸，没发现其他问题，两人离开前往其他地点检查，于 15 时 30 分出井。11 时 57 分，谢某生、李某兵、杨某生、曾某庆、陈某山一起下井。经过井底车场时，杨某生向谢某生提出将曾某庆调整至 22142 机巷安设液压支架，谢某生未反对，也未将此情况向领导及调度室汇报。13 时，谢某生、李某兵两人到达 22142 回风巷，发现维修地点顶部有煤矸冒落，1 号棚子下堆有煤矸。两人在 1 号支架后方补打了 6 根撑筒，在支架上方用竹篾板进行封闭，清理出 2 车煤矸后，又在 1 号支架左侧增打了 2 根撑筒，并在 1 号支架横梁上方右侧打了 2 根空心锚杆控顶（按维修安全技术措施的规定全部控好顶至少应该打 6 根空心锚杆）。随后，谢某生将一车煤矸推往 −150 m 车场，李某兵则继续在维修作业点（0 号支架下方）清理冒落的煤矸。16 时 10 分，0 号支架上方煤矸突然冒落，垮落的煤矸将李某兵埋压在巷道左侧，仅剩头部露在外面。至此，事故已发生。

事故造成1人死亡，直接经济损失163.6万元。

(2) 事故原因分析

① 直接原因

事故地点因长期失修，局部冒落造成空顶，且具有再次冒落危险性；作业人员未按“先控顶、后维修”的要求，冒险站在危险区内违章作业，顶板再次冒落导致事故。

② 间接原因

a. 现场管理不到位。一是维修班长默许2人维修作业；在离开维修作业现场时，未要求作业人员立即停止维修作业。二是未落实相关制度要求，22142回风巷维修以来，没有安排安全员在该维修作业现场盯守，也未严格落实3人维修作业制度。三是安全管理人员隐患排查处置不到位，值班矿长和安全员到达事故现场时，发现存在煤矸冒落，未按照维修措施规定进行现场处置。四是现场管理存在空档，事故当天早班安全生产管理人员到现场检查时，维修作业人员尚未进班；维修作业人员维修作业时，中班安全生产管理人员还未到达，实际维修作业时无矿领导、安全员等现场检查。

b. 劳动组织管理混乱。未经批准随意调配作业人员，导致维修作业地点人数不足3人。

c. 安全管理制度不完善、不落实。一是制度设计存在缺陷，没有全员建立安全生产责任制，无维修工岗位责任制；企业法人、矿井安全员岗位责任制与实际不符。二是制度落实不到位，22142包保责任人未按照《煤矿包保责任管理制度》的要求到现场进行安全检查，带班矿领导未按照《矿领导带班下井制度》要求巡查头面、井下交接班，发现问题未及时处置。

d. 培训教育不到位。一是职工安全培训流于形式。无井巷维修的培训内容，培训内容不全；对培训内容抽查检查，一问三不知；从工人到矿领导毫无安全意识和劳动纪律意识，现场作业人员安全防范意识淡薄，习惯性违章作业，安全生产管理人员对习惯性违章习以为常。二是矿井对培训的监督检查不到位。安全副矿长未履行安全教育培训的领导职责,监督管理缺位。

e. 驻矿盯守存在不足。驻矿盯守人员对驻矿盯守职责不够了解,也没有发现煤矿下井人员不携带人员定位识别卡等情况,未能有效起到驻矿作用。

③“三违”行为原因分析

a. 事故地点因长期失修,局部冒落造成空顶,且具有再次冒落危险性,违章作业。

b. 作业人员未按“先控顶、后维修”的要求,冒险站在危险区内违章作业。

c. 22142 回风巷维修以来,没有安排安全员在该维修作业现场盯守,也未严格落实 3 人维修作业制度,违章作业。

d. 维修班长默许 2 人维修作业,在离开维修作业现场时,未要求作业人员立即停止维修作业,违章指挥。

e. 没有全员建立安全生产责任制,无维修工岗位责任制,违章作业。

答 **挑战答题**

① 事故地点因长期失修,局部冒落造成空顶,且具有再次冒落危险性,是造成事故的直接原因。 (　　)

② 作业人员违反“先控顶、后维修”的要求,冒险站在危险区内违章作业。 (　　)

③ 值班矿长和安全员到达事故现场时,发现存在煤矸冒落,未按照维修措施规定进行现场处置。 (　　)

(3) 事故防范措施

①“三违”行为防范措施

a. 严禁空顶作业。

b. 作业人员应按“先控顶、后维修”的要求进行作业。

c. 22142 回风巷维修应安排安全员在该维修作业现场盯守,严格落实 3 人维修作业制度。

d. 维修班长严禁违章指挥。

e. 建立安全生产责任制和维修工岗位责任制。

② 其他防范措施

a. 切实深刻汲取事故教训。

b. 确保“八条硬措施”硬落实。

c. 进一步规范劳动组织。

d. 扎实有效开展好两个专项检查。

e. 切实提高安全教育培训质量。

f. 严格事故报告的有关规定，及时上报事故信息。

答 **挑战答题**

④ 22142 回风巷维修应安排安全员在该维修作业现场盯守，严格落实 2 人维修作业制度。（　　）

⑤ 建立安全生产责任制和维修工岗位责任制。（　　）

⑥ 作业人员应按“先控顶、后维修”的要求进行作业。（　　）

三、贵州省某煤矿“9・24”重大火灾事故

（1）事故经过

2023 年 9 月 24 日零点班，全矿入井 331 人、升井 315 人（含 3 名受伤人员，下同），其中采一区入井 110 人、升井 94 人。

9 月 23 日 22 时，采一区值班区长李某某（遇难者）主持召开采一区调度会并安排当班工作。其中，采煤队出勤 17 人，到 211016 采面回采作业；保运三队出勤 5 人，负责岗位范围的带式输送机巡视；打钻二队出勤 9 人，主要负责钻孔施工。

9 月 24 日 7 时 48 分，带式输送机司机喻某某清理 1200 运输平巷三部带式输送机浮煤时，带式输送机停止了运行，随后喻某某到 215 运输石门四部带式输送机机头处打电话向采一区调度室询问带式输送机停机的情况，在调度室的保运三队队长封某某安排喻某某叫人到 211016 运输巷处理 211016 运输巷二部带式输送机断带事故，挂断电话后，喻某某发现烟雾沿着第四部带式输送机从机尾处涌出。

8 时 11 分、13 分，带式输送机司机管某某、电工许某某先后在井下分别向采一区调度室调度员杨某某汇报井下出现烟雾，杨某某均让他们查看原因，未下达撤人指令。

8时15分，采一区调度室主任王某某在采一区调度室看到视频监控中1200运输平巷二部带式输送机机尾、1813带式输送机机头、216运输北石门机头的图像是黑色的，像是烟雾，随后打电话给211016采面运输巷二部机头当班带班副区长李某某询问情况，并通知其看情况撤人。随即向在旁边会议室开会的采一区区长解某某汇报了211016运输巷等地方有烟雾的情况，解某某怀疑是电缆“放炮”引起的，就让王某某撤出211016采面的人员，并安排副区长黄某某入井处理，随后继续组织党某某、李某某等人开会安排10月份生产计划。

8时21分，王某某再次打电话给211016采面运输巷二部带式输送机机头李某某，让其了解采面情况并顺着巷道跑出来看一下烟雾来源，李某某回复王某某采面电话没人接，还没找到采面的人，让王某某先打电话寻找采面的人。

8时24分，211016采面当班瓦检员刑某某（遇难者）在211016采面运输巷二部带式输送机机头打电话给采一区调度室询问烟雾大的原因，接电话的杨某某通知其撤人。

8时27分，带班队长余某某（遇难者）在211016采面运输巷转载机机头打电话给采一区调度室询问烟雾大的原因，接电话的王某某通知其撤人。

8时28分，王某某用手机向矿调度员张某某汇报，211016运输巷有烟进去，已经安排撤人，同时让张某某通过矿调度电话打电话给采一区调度询问具体情况，张某某要求停电撤人，并向矿调度主任饶某某汇报了该情况。随后，饶某某到旁边会议室向正在开会的矿级领导进行了汇报。

8时33分，矿长侯某某、党委书记王某某等矿级领导到矿调度室了解相关情况并安排撤人。期间矿调度员胡某某一直轮流拨打211016运输巷范围内的4部电话，但均无人接听。

8时38分，许某某在1200运输平巷二部带式输送机中部刮板输送机机头打电话给王某某，汇报“1200运输平巷115号H架输送带往里着火了”。在采一区调度室的解某某接报后随即带着严某某、谭某某等下井抢险。8 时 40 分，杨某某向矿调度汇报，矿调度员将井下输送带着火的情况分别向侯某某等矿领导进行了汇报，侯某某安排全矿撤出井下作业人员。

事故造成 16 人死亡、3 人受伤，直接经济损失 4 233.82 万元。

(2) 事故原因分析

① 直接原因

1200 运输平巷第二部带式输送机段巷道严重变形，117 号 H 架处机架侧斜，卡紧的托辊与输送带支架、运行的输送带持续摩擦升温，高温的托辊点燃煤粉，引燃停止运行的非阻燃输送带产生大量一氧化碳等有毒有害气体，造成下风侧人员中毒死亡。

② 间接原因

a. 安全生产理念不牢，重生产轻安全。

b. 未深刻汲取事故教训，重蹈覆辙。

c. 入井材料使用管理混乱，非阻燃输送带入井。

d. 安全监控系统弄虚作假、监控失效。

e. 巷道变形严重，未开展巷道支护设计研究。

f. 应急处置不力，贻误救援，未按规定报告事故。

g. 安全教育培训不到位，职工安全意识差。

h. 隐患排查治理制度不落实，事故隐患长期存在。

i. 煤矿制度规定不合理，管理失控。

③ “三违”行为原因分析

a. 断面不能满足行人、运输条件，违章作业。

b. 入井前未开展输送带阻燃性能和抗静电试验，未建立强力输送带安全技术档案，未落实防范输送带着火措施，违章作业。

c. 着火输送带的下风侧未按照要求安装烟雾传感器，违章作业。

d. 巷道布置不合理，变形严重；矿压显现明显，失修巷道最小断面不足 2 m^2，违章作业。

e. 入井检身制度不严格，16 名遇难人员中，有 2 名人员饮酒后下井，有 3 名人员未携带识别卡，违章作业。

挑战答题

① 井下输送带可以采用不阻燃输送带。 ( )

② 输送带可以不安装温度传感器、烟雾传感器。 ( )

③ 输送带摩擦升温点燃煤粉,引燃停止运行的非阻燃输送带产生大量一氧化碳等有毒有害气体,是造成本次事故的直接原因。 ( )

(3) 事故防范措施

① “三违”行为防范措施

a. 严禁在断面不满足行人、运输条件时违章作业。

b. 入井前必须开展输送带阻燃性能和抗静电试验,建立强力输送带安全技术档案,落实防范输送带着火措施。

c. 输送带下风侧必须按照要求安装烟雾传感器。

d. 巷道布置应合理。

e. 入井检身制度必须严格,严禁人员饮酒后下井,下井人员必须携带识别卡。

② 其他防范措施

a. 加强设备及其准入管理。

b. 加强安全监测监控系统管理,确保监控有效。

c. 强化煤矿应急处置培训。

d. 深刻汲取事故教训,持续抓好安全生产工作。

挑战答题

④ 严禁在断面不能满足行人、运输条件时违章作业。 ( )

⑤ 输送带入井前没必要开展阻燃性能和抗静电试验。 ( )

⑥ 入井检身制度必须严格,严禁人员饮酒后下井,下井人员必须携带识别卡。 ( )

四、内蒙古自治区某煤矿“6·23”一般冲击地压事故

(1) 事故经过

2024年6月23日14时30分，某煤矿综采队带班队长刘某军主持召开班前会安排了当班工作。16时许人员陆续到达172307下综采工作面。17时许后部刮板输送机开始放煤，18时许采煤机组开机。18时14分，工作面突然出现三声煤爆，并发生剧烈震动、煤尘飞扬。刘某军立即用应急呼叫系统询问作业人员安全情况，运输顺槽转载机操作人员高某汇报：“运输顺槽冒顶，无法通行”。经查点人数，设备巡检工路某保、调度室巡查人员谢某庆失联。

事故造成2人死亡，直接经济损失290.32万元。

(2) 事故原因分析

① 直接原因

事故发生地点存在隐伏逆断层，172307下运输巷受上分层172306上工作面与172305上工作面之间遗留区段煤柱的剪切滑移与小型背斜构造共同作用，处于高应力状态，加之事故区域底板砂岩厚度变厚积聚能量，在开采扰动作用下，诱发底板断裂，释放弹性能，发生底板断裂型冲击地压，造成顶板冒落，导致事故发生。

② 间接原因

a. 事故隐患排查治理不到位。172307下工作面回采过程中，运输巷底鼓现象时有发生，各级安全生产管理人员未对底鼓原因分析研判，并制定针对性治理措施，仅采用拉底的方式处理底鼓。

b. 煤矿隐蔽致灾因素普查不到位。2019年煤矿鉴定为无冲击地压矿井后，未按照《国家矿山安全监察局关于全面开展煤矿隐蔽致灾因素普查治理工作的通知》(矿安〔2021〕121号)和《国家矿山安全监察局关于加强煤矿隐蔽致灾因素普查治理工作的通知》(矿安〔2022〕132号)要求对冲击地压隐蔽致灾因素局部应力集中区域进行普查。

c. 煤矿技术管理不到位。在工作面埋深超过400 m有冲击地压潜在风险的情况下，未按照《防治煤矿冲击地压细则》的要求布置采煤工作面、巷道和留设煤柱，造成局部应力集中，导致冲击地压发生。

③ “三违”行为原因分析

a. 172307 下运输巷事故点附近存在小型背斜构造和隐伏断层，造成该区域水平应力高，违章在该区域作业。

b. 有冲击地压预兆，违章指挥作业，没有停产撤人。

c. 底板砂岩在事故地点附近厚度达到 31.8 m 左右，具有冲击危险性，没有采取措施，违章作业。

挑战答题

① 上覆煤柱对下层工作面运输巷的应力影响，引发冲击地压事故发生。（　　）

② 被鉴定为无冲击地压矿井后，无须再对冲击地压隐蔽致灾因素局部应力集中区域进行普查。（　　）

③ 可以在冲击地压危险区域作业。（　　）

(3) 事故防范措施

①“三违”行为防范措施

a. 172307 下运输巷事故点附近存在小型背斜构造和隐伏断层，造成该区域水平应力高，严禁在该区域未采取措施条件下作业。

b. 有冲击地压预兆，严禁违章指挥作业，必须停产撤人。

c. 底板砂岩在事故地点附近厚度达到 31.8 m 左右，具有冲击危险性，必须采取措施，严禁违章作业。

② 其他防范措施

a. 加强冲击地压管理。按照《防治煤矿冲击地压细则》规定，立即按照冲击地压矿井管理，聘请专业机构和科研院所进行冲击危险评价。建立健全防治冲击地压机构和防冲队伍，编制冲击地压事故应急预案，建立冲击地压防治安全技术管理制度、防治岗位安全责任制度、防治培训制度、事故报告制度等工作规范。

b. 加强煤矿技术管理工作。煤矿要加强地测技术管理，认真开展隐蔽致灾因素普查，严格组织致灾因素分析研判。在煤层、工作面采掘顺序，巷道布置、支护和煤柱留设，采煤工作面布置、支护、推进速度和停采线位置等设计中，应做到科学设计、认真验证、精心施工，避免局部应力集中，防止不合理开采导致冲击地压的发生。使用巷道顶板离层、围岩表面位移等在线监测技术提高顶板矿压的预测预报水平。

c. 扎实开展安全教育培训。强化从业人员相关支护理论、冲击地压发生机理及防范、施工操作技能等安全培训，加强对作业规程和操作规程的学习贯彻，提高从业人员辨识及防范风险的意识和能力，建立防冲人员培训制度，加强防冲人员的培训，提高矿井冲击地压防治的水平。

答 **挑战答题**

④ 在有冲击倾向性的地区必须采取措施后才可以作业。（　　）

⑤ 有冲击地压预兆，必须立即停产撤人。（　　）

⑥ 厚层砂岩较稳定，不会导致冲击地压事故。（　　）

五、山东省某煤矿“6·1”较大水灾事故

(1) 事故经过

2024 年 6 月 1 日 7 时许，当班安监员田某庆发现迎头淋水变大，向安全监察中心汇报。8 时许，马某伟安排吕某兴联系北京探创资源科技股份有限公司到该迎头开展物探。马某伟 9 时下井，到现场发现迎头左侧顶板（面积约 1 m^2）有淋水，认为无透水危险，未向领导汇报。12 时许，地质测量部科员李某陪同物探公司工作人员李某和程某下井，14 时许完成物探。事故发生后提供的物探报告显示迎头正前方有低阻异常区。13 时，掘进一区中班值班副区长潘某前在地面召开中班班前会，安排 10 人（支部书记董某雷、稳车司机宫某见、带式输送机司机赵某训、班组长缪某委、瓦检员张某、运料工朱某信、支护工潘某雷、验收员王某海、爆破工李某、支护工代某安）到 11106 开切眼作业。当班安监员为顾某新。14 时，人员陆续下井。14 时 50 分左右，先后到达 11106 运输巷、11106 开切眼位置开始作业。缪某委、张某、潘某雷、代某安在迎头下 40 m 位置清理早班爆破后的煤矸，董某雷在 11106 运输巷及开切眼下口接排水管，王某海处理开切眼排水沟，赵某训、宫某见、朱某信 3 人在开切眼下出口操作稳车，用旱船（井下用于运输物料的船型运载工具)往开切眼上部运料,李某跟车,顾某新负责安全检查。16时30分许,旱船运行到第一躲避硐时稳车停电,宫某见去11106运输巷石门配电点送电。16时50分许,缪某委和顾某新发现迎头淋水发浑、开始掉矸,两人跑到第四躲避硐位置。16时55分,顾某新向调度室电话汇报,迎头水量增大,水管被堵,底板淌水,要求撤人,调度员刘某同意。缪某委向潘某前电话汇报,请求撤人,潘某前同意并通知董某雷查看情况、组织撤人。经综合研判,17时07分,突水事故发生,造成8人被困。17时15分,董某雷井下汇报调度指挥中心调度员刘某,11106开切眼下出口水位已达到腰部。事故发生时,11106开切眼掘进工作面距11105运输巷斜距4.75 m,垂向距积水底界面距离3.1 m。11105运输巷沿空留巷段采空区积水底界面标高－606.5 m。经专家组估算:积水高度约4.8 m,积水面积约3 089 m^2。事故发生后,经全力抢险救援,5人生还,代某安、李某、王某海3人遇难,直接经济损失708.58万元。

(2) 事故原因分析

① 直接原因

未查清11106开切眼掘进工作面前上方的11105工作面采空区积水情况,迎头与采空区之间仅存的4.75 m煤岩柱受采动破坏、积水压力、爆破震动、裸孔放水等因素影响强度降低,老空积水溃入工作面;同时,有突水征兆未撤出受水害威胁区域的作业人员,导致8人被困,其中3人遇难。

② 间接原因

a. 未查清水文地质条件。地测部门认为没有老空水害风险,未对老空水害开展风险辨识,每月编制的地质预测预报均未预报11105采空区有积水。矿井每月开展风险研判和隐患排查未辨识出11105采空区水害风险并落实管控措施。集团公司技术指导不力,每月集中审查矿井风险辨识流于形式,未有效落实风险分级管控制度。

b. 未按规定采取探放水措施。采空区积水情况不清楚,未安排专业技术人员编制探放水设计;11106开切眼掘进至距11105采空区30 m前,未采用物探、钻探两种方法超前探放水;掘进至距11105采空区 4.75 m 时，违规安排非专业人员使用锚杆钻机(非专用钻机)裸孔探放水。

c. 矿井违规冒险作业。5 月 30 日夜班 11106 开切眼开始出现突水征兆，矿井虽然已经停止迎头掘进，但未撤出所有受水患威胁地点的人员。5 月 31 日夜班至事故发生时，一边违规组织探放水，一边违规组织作业人员在工作面开切眼内冒险施工刷扩开切眼。

d. 矿井安全技术管理不到位。矿井未坚持“预测预报、有疑必探、先探后掘、先治后采”防治水原则，重新编制作业规程前，未结合现场实际重新编制地质说明书；作业规程和安全技术措施的编制、审批把关不严；11106 开切眼掘进距 11105 沿空留巷 20 m 处未执行巷道贯通有关规定。

e. 安全监督检查不到位。矿井安全监察部门监督检查落实安全生产法律、法规不到位，“预测预报、有疑必探、先探后掘、先治后采”防治水原则不落实，对现场安检员多次报告迎头淋水并出现透水征兆后仍没有督促停止作业并撤出人员。对市监管部门提出的有关水害防治方面的问题，没有举一反三督促整改落实。上级企业履行安全管理职责不力，未能指导督促矿井有效开展重大安全风险管控和重大灾害治理，未有效推动各级管理人员牢固树立依法依规安全意识。

f. 安全教育培训不到位。地测防治水专业技术人员专业素质不高，对水害风险认识不足。法治意识淡薄，违规探放水，冒险作业。应急处置能力不足，出现透水征兆后，各级管理人员没有高度重视，职工自主保安意识不足，没有立即做到停产撤人。

g. 安全监管不到位。市机构改革期间，煤矿安全监管职责弱化，职责划转和人员转隶没有同步进行。改革后到该煤矿检查 3 次，无行政处罚。驻矿安全监管员制度不落实，4 月 6 日至事故发生时，1 名驻矿安全监管员辞职后没有及时补充。

③ “三违”行为原因分析

a. 5 月 30 日夜班 11106 开切眼开始出现突水征兆，矿井虽然已经停止迎头掘进，但未撤出所有受水患威胁地点的人员，违章指挥。

b. 采空区积水情况不清楚，未安排专业技术人员编制探放水设计，违章作业。

c. 未坚持“预测预报、有疑必探、先探后掘、先治后采”防治水原则，违章作业。

d. 11106 开切眼掘进至距 11105 采空区 30 m 前，未采用物探、钻探两种方法超前探放水，违章作业。

e. 掘进至距 11105 采空区 4.75 m 时，违规安排非专业人员使用锚杆钻机（非专用钻机）裸孔探放水，违章作业。

答 **挑战答题**

① 未查清 11106 开切眼掘进工作面前上方的 11105 工作面采空区积水情况，是造成此次事故的直接原因。（　　）

② 迎头与采空区之间仅存的 4.75 m 煤岩柱受采动破坏、积水压力、爆破震动、裸孔放水等因素影响强度降低，老空积水溃入工作面，是造成此次事故的直接原因。（　　）

③ 有突水征兆未撤出受水害威胁区域的作业人员。（　　）

（3）事故防范措施

① “三违”行为防范措施

a. 出现突水征兆必须停止作业，采取措施，撤出所有受水患威胁地点的人员。

b. 严禁在采空区积水情况不清楚时作业；安排专业技术人员编制探放水设计。

c. 坚持“预测预报、有疑必探、先探后掘、先治后采”防治水原则。

d. 采用物探、钻探两种方法超前探放水。

e. 安排专业人员使用锚杆钻机（专用钻机）探放水。

② 其他防范措施

a. 牢固树立安全发展理念。

b. 切实提高水害防治能力。

c. 常态化开展隐蔽致灾因素普查治理。

d. 强化风险管控和隐患排查治理。

e. 加强安全教育培训和应急处置。

f. 强化上级企业业务指导及监督管理。

g. 压紧压实属地监管责任。

挑战答题

④ 出现突水征兆必须停止作业，采取措施，撤出所有受水患威胁地点的人员。 （ ）

⑤ 煤矿企业应安排专业人员使用普通钻机（非专用钻机）探放水。 （ ）

⑥ 可采用物探、钻探两种方法超前探放水。 （ ）

六、山东省某煤矿“8·20”煤尘爆炸较大事故

(1) 事故经过

2020 年 8 月 20 日 6 时 25 分，山东省某煤矿发生煤尘爆炸事故，造成 7 人死亡、9 人受伤，直接经济损失 1 493.68 万元。

事故发生在－1 020 m 水平 35003 综放工作面，35003 综放工作面采煤机截割过程中，滚筒截齿与中间巷金属支护材料（锚杆、锚索、钢带）机械摩擦产生火花，引燃截割中间巷松软煤体扬起的煤尘（悬浮尘）导致煤尘爆炸。

(2) 事故原因分析

① 直接原因

该矿 35003 综放工作面采煤机截割过程中，滚筒截齿与中间巷金属支护材料（锚杆、锚索、钢带）机械摩擦产生火花，引燃截割中间巷松软煤体扬起的煤尘（悬浮尘）导致煤尘爆炸。

② 间接原因

a. 该矿安全措施不落实。事故当班现场作业人员未按规程措施要求及时拆除巷道锚杆盘、钢带和锚索索具，也未及时拆除缠绕在采煤机滚筒上的锚索，滚筒带动缠绕的锚索旋转导致扬尘增加并产生火花。

b. 该矿综合防尘措施落实不到位。未严格落实综合防尘措施，采煤机内喷雾堵塞未及时处理，推采过程中支架间喷雾、放顶煤喷雾未正常使用。未按设计进行煤层注水。

c. 该矿防范化解风险隐患不到位。该矿虽然辨识出工作面过中间巷煤尘爆炸风险，但管控措施针对性不强，没有对中间巷巷口因压力变化底煤变软的危害进行分析、评估，没有及时拆除中间巷两帮的托盘、钢带、金属网等支护材料，也未将综合防尘类隐患作为排查重点。

d. 该矿安全管理不到位。35003 综放工作面揭露中间巷后，未考虑中间巷带来的影响因素，未及时修改作业规程，未对通风、防尘等相关内容进行补充完善。现场作业人员及安全管理人员对煤尘爆炸的危险性认识不足，对现场采煤机割煤时产生火花问题长期不重视。

e. 安全教育培训不到位。采煤机司机配备数量不足，事故当班人员均无采煤机特种作业操作证。对全员培训考核不合格的井下个别采煤作业人员未进行再培训，现场作业人员及安全管理人员对煤尘爆炸的危险性认识不足，对现场采煤机割煤时产生火花问题长期不重视。

f. 集团公司对该矿现场管理、技术管理、安全监督管理、安全教育培训、安全风险管控、隐患排查治理不到位及生产组织不合理等问题失察。

③ “三违”行为原因分析

a. 采煤机截割过程中，滚筒截齿与中间巷金属支护材料（锚杆、锚索、钢带）机械摩擦产生火花，违章作业。

b. 事故当班现场作业人员未按规程措施要求及时拆除巷道锚杆盘、钢带和锚索索具，也未及时拆除缠绕在采煤机滚筒上的锚索，违章作业。

c. 未严格落实综合防尘措施，采煤机内喷雾堵塞未及时处理，推采过程中支架间喷雾、放顶煤喷雾未正常使用，违章作业。

d. 事故当班人员均无采煤机特种作业操作证，违章作业。

挑战答题

① 采煤机截割过程中，滚筒截齿与中间巷金属支护材料（锚杆、锚索、钢带）机械摩擦产生火花，引燃截割中间巷松软煤体扬起的煤尘（悬浮尘）导致煤尘爆炸，是本起事故的直接原因。（ ）

② 该矿能够严格落实综合防尘措施，各种设备喷雾都能正常使用。（ ）

③ 现场作业人员及安全管理人员对煤尘爆炸的危险性认识不足，对现场采煤机割煤时产生火花问题长期不重视。（ ）

（3）事故防范措施

①“三违”行为防范措施

a. 采煤机截割过程中，滚筒截齿严禁截割巷道锚杆盘、钢带和锚索索具等支护材料，严禁违章作业。

b. 过老巷时，现场作业人员必须按规程措施要求及时拆除巷道锚杆盘、钢带和锚索索具，也必须及时拆除缠绕在采煤机滚筒上的锚索，严禁违章作业。

c. 必须严格落实综合防尘措施，采煤机内喷雾堵塞必须及时处理，推采过程中支架间喷雾、放顶煤喷雾必须正常使用，严禁违章作业。

d. 特种作业人员必须进行专门安全培训，经培训合格后持操作证上岗，严禁无证上岗。

② 其他防范措施

a. 加强安全管理。必须树立法治思维，坚守法治底线，依法办矿，依法管矿。

b. 加强煤尘防治工作。严格落实综合防尘、预防和隔绝煤尘爆炸等措施及管理制度，加强防尘降尘设备的检查维护，确保喷雾降尘运行正常，防止粉尘超标和爆炸。

c. 加强通风管理。完善通风系统及设施，提高通风设施可靠性，确保通风系统稳定；局部通风机供电要实现“三专两闭锁”和“双风机、双电源”。

d. 坚持强基固本，加强安全教育培训工作。认真做好全员培训工作，强化全员安全培训质量和效果，确保从业人员具备必要的岗位知识和专业技能，严禁未经培训或者培训不合格人员下井作业，认真开展特种作业人员持证情况大排查，确保所有特种作业人员持证上岗。

e. 全力保障安全投入，坚决实现智能化开采。切实转变观念，树立“无人则安、少人则安”的理念，加大安全投入，坚定不移地实施装备技术升级，提高设备可靠性、完好性，按设计要求实施智能化开采。

答 **挑战答题**

④ 过老巷时，现场作业人员必须按规程措施要求及时拆除巷道锚杆盘、钢带和锚索索具。 （　　）

⑤ 采煤机滚筒截齿截割巷道锚杆盘、钢带和锚索索具等支护材料不是违章作业。 （　　）

⑥ 加强防尘降尘设备的检查维护，确保喷雾降尘运行正常，防止粉尘超标和爆炸。 （　　）

七、内蒙古自治区某煤矿“5·14”一般机电事故

(1) 事故经过

2024 年 5 月 14 日 6 时 40 分，综掘队队长组织召开早班班前会，早班跟班副队长黄某安排电工李某付、检修工尤某江在 502 运输巷安装调试带式输送机。14 时 04 分安装调试带式输送机过程中，黄某负责在带式输送机机头整理堆煤保护、线缆等工作，李某付负责带式输送机开关启停，尤某江负责传递信号。第一次点动带式输送机发现不运行，黄某下达第二次点动带式输送机指令。14 时 07 分许，李某付接到尤某江信号后第二次点动带式输送机，黄某在观察寻找输送带拉不动原因时接近减速器，衣物被高速旋转的减速器二轴键槽卷住，其腹部被卷在二轴上。尤某江听到身后有声响，随后发现黄某仰面倒在带式输送机减速器下方，头向机头，脚向机尾，腰部衣服破损，小腹裸露有血迹，至此事故发生。

事故造成 1 人死亡，直接经济损失 217.56 万元。

(2) 事故原因分析

① 直接原因

带班副队长黄某违章接近高速旋转的带式输送机减速器二轴，衣服被卷住导致其腹部受伤致死，造成事故发生。

② 间接原因

a. 机电设备安全管理不到位。

b. 现场管理人员安全意识淡薄。

c. 现场安全监督检查不到位。

d. 安全教育培训不到位。

③ “三违”行为原因分析

a. 第一次点动带式输送机发现不运行，黄某下达第二次点动带式输送机指令，违章指挥。

b. 当班安全检查人员发现带式输送机减速器二轴未安装防护罩后，未监督落实整改措施，违章作业。

c. 带班副队长黄某违章接近高速旋转的带式输送机减速器二轴，衣服被卷住导致其腹部受伤致死，违章作业。

答 挑战答题

① 带班副队长黄某违章接近高速旋转的带式输送机减速器二轴，是本起事故的直接原因。（　　）

② 第一次点动带式输送机发现不运行，黄某下达第二次点动带式输送机指令，违章指挥。（　　）

③ 502 运输巷带式输送机在安装调试过程中，安全防护设施安装滞后，裸露在外的减速器二轴未及时安装防护罩，属于直接原因。（　　）

(3) 事故防范措施

① “三违”行为防范措施

a. 第一次点动带式输送机发现不运行，严禁下达第二次点动带式输送机指令，应先认真检查处理。

b. 当班安全检查人员发现带式输送机减速器二轴未安装防护罩后，应及时监督并落实整改措施。

c. 严禁任何人员接近高速旋转的带式输送机减速器。

② 其他防范措施

a. 压实煤矿安全生产主体责任。

b. 加强机电设备安全管理。

c. 加大人员不安全行为管控力度。

d. 扎实开展安全教育培训。

答 挑战答题

④ 第一次点动带式输送机发现不运行，严禁下达第二次点动带式输送机指令。（ ）

⑤ 当班安全检查人员发现带式输送机减速器二轴未安装防护罩后，虽未监督落实整改措施，但不用承担责任。（ ）

⑥ 在检修的情况下可以接近高速旋转的带式输送机减速器二轴。（ ）

八、云南省某煤矿“8·7”一般机电事故

（1）事故经过

2024 年 8 月 7 日早班，当班井下作业人员 84 人，主要开展 1910 综采工作面调架、1910 机运巷改扩、1910 回风巷卧底等工作，带班矿领导为地测副总工程师蒋某彦，党总支副书记、工会主席王某双按照集团内部规定入井跟班。其中，综采队早班 17 人入井，8 时 50 分左右到达工作面后，跟班副队长聂某堂进行了现场分工，安排史某荣（班长）、起某富、杨某志 3 人对 16# ～30# 支架前部的单体液压支柱进行前移，胥某江、叶某祥等 5 人在 1910 综采工作面刮板输送机机头处卧底，安排副队长兼技术员李某应（遇难者）到 1910 综采工作面机运巷顺槽开刮板输送机。李某应未接受工作安排，主动到 18# 液压支架处指挥工人作业。9 时左右，王某双、蒋某彦一起到达 1910 综采工作面开展安全巡查、检查，并向李某应了解当班作业任务及工作量。9 时 10 分，史某

荣、起某富、杨某志到18#液压支架前部挪移单体液压支柱，在移动单体液压支柱后，18#液压支架伸缩梁前部出现了漏顶，李某应叫来有经验的胥某江和叶某祥帮助支护顶板。9时46分许，顶板支护完后，李某应发现18#液压支架护帮板与工作面单体液压支柱间卡有一块矸石(长0.4 m、宽0.3 m、厚0.2 m)，便站在夹角处用十字镐处理矸石，矸石掉落，18#液压支架护帮板自动向前抬起，将李某应头部挤在护帮板与前方的单体液压支柱之间，导致事故发生。

事故造成1人遇难，直接经济损失260.02万元。

(2) 事故原因分析

① 直接原因

作业人员站在综采液压支架护帮板与单体液压支柱之间，违章处理冒落在护帮板前的矸石，矸石掉落后护帮板自动向前弹起，挤压作业人员头部导致事故发生。

② 间接原因

a. 风险管控有漏洞。煤矿开展1910综采工作面调架作业风险研判不全面，未辨识出护帮板挤压伤人的安全风险；安全管控不到位，事故地点片帮漏顶问题突出。

b. 技术管理有不足。《1910综采工作面调架技术方案》编制内容不全面，未针对支架钻底制定措施，未明确调架作业处理活矸危岩的方法，作业人员均不掌握调架工作要领，作业过程中多次出现调完又倒等情况。

c. 安全培训不到位。煤矿未建立安全管理人员教育培训制度，对新装备操作使用培训不到位，煤矿首次使用大采高综采液压支架，未加强作业人员实操培训，综采液压支架管理不到位，支架在静止状态下操作阀手柄未打至“零”位。

d. 安全生产管理人员配备不足。该煤矿任命的安全、地测、采掘副总工程师均由相关科室负责人兼任。

e. 上级公司安全管理不到位。2名驻矿安监员由本矿安全生产管理人员兼任，不能履行驻矿安全监管职责。

③ “三违”行为原因分析

a. 煤矿反“三违”不力，技术管理人员带头违章作业。

b. 当班队干，跟班、带班矿领导安全巡查检查不严不细，未及时发现并制止违章作业行为。

c. 针对支架钻底制定措施，未明确调架作业处理活矸危岩的方法，作业人员均不掌握调架工作要领，作业过程中多次出现调完又倒等情况，违章作业。

d. 李某应发现 18# 液压支架护帮板与工作面单体液压支柱间卡有一块矸石（长 0.4 m、宽 0.3 m、厚 0.2 m），便站在夹角处用十字镐处理矸石，矸石掉落，18# 液压支架护帮板自动向前抬起，违章作业。

挑战答题

① 作业人员站在综采液压支架护帮板与单体液压支柱之间，违章处理冒落在护帮板前的矸石，矸石掉落后护帮板自动向前弹起，挤压作业人员头部导致事故发生，是本起事故的间接原因。（ ）

② 煤矿开展 1910 综采工作面调架作业风险研判不全面，未辨识出护帮板挤压伤人的安全风险；安全管控不到位，事故地点片帮漏顶问题突出。（ ）

③ 安全、地测、采掘副总工程师可由相关科室负责人兼任。（ ）

（3）事故防范措施

①“三违”行为防范措施

a. 煤矿加强反“三违”，技术管理人员不违章作业。

b. 当班队干，跟班、带班矿领导安全巡查检查要严要细，应及时发现并制止违章作业行为。

c. 针对支架钻底制定措施，明确调架作业处理活矸危岩的方法，作业人员均应掌握调架工作要领，作业过程中不出现调完又倒等情况。

d. 工人应该按照作业规程进行作业。

② 其他防范措施

a. 深刻吸取教训，切实加强安全管理，加强职工安全教育培训和新工艺、新技术、新装备操作技能培训，教育职工遵守安全规章制度，熟练掌握岗位安全操作技能，不断提高职工素质和安全意识，增强职工自保和互保能力。

b. 严格落实安全生产责任制，做到每项工作都有责任人负责监督管理，形成从上到下层层负责的模式，消除安全管理上的漏洞。要配齐配强安全生产管理人员，相关科室负责人不得兼任安全、地测、采掘副总工程师；要加强驻矿安全监管，驻矿安监员不得由本矿职工兼任，切实履行职责、发挥作用。

c. 加强煤矿安全技术管理，开展“三软”煤层顶板管理技术攻关，综采工作面过断层、过地质构造带时要加强现场指导。

挑战答题

④ 煤矿加强反“三违”，技术管理人员不违章作业。（　　）

⑤ 当班队干，跟班、带班矿领导安全巡查检查要严要细，应及时发现并制止违章作业行为。（　　）

⑥ 工人应按照作业规程进行作业。（　　）

九、内蒙古自治区某煤矿“7・7”运输事故

(1) 事故经过

2024 年 7 月 7 日 6 时 20 分，某项目部 2913 队队长朱某主持召开班前会，安排支护工龙某、石某林、铲车司机勾某羽从 110902 运输顺槽停掘工作面向 11 采区泄水巷倒运支护材料；机运队队长范某军主持召开班前会，安排黄某波驾驶 3 号车负责为矿通防队向泄水巷运送构筑通风设施所需材料，张某驾驶 4 号车负责为 2913 队向泄水巷运送物料。4 号车于 8 时 15 分许入井，3 号车在地面装车后于 10 时 49 分许入井。11 时 59 分许，3 号车到达泄水巷口，将车辆横向停在 11 采区带式输送机上山与 11 采区泄水巷交岔口处，矿通防队人员开始卸车，将物料堆放于该交岔口；12 时 10 分许，张某反向驾驶 4 号车运送当班第 4 车支护材料沿 11 采区带式输送机上山下行至 11 采区带式输送机上

山与泄水巷交岔口处，被正在卸载物料的3号车阻挡，随即张某将4号车停在3号车上方

约3.4 m处，支护工龙某和石某林开始将钢筋网片卸至交岔口附近。13时35分，张某看到3号车完成卸料，准备驾驶4号车向上山方向行驶，为3号车让出调车所需空间。张某收起阻车器后，在未鸣笛示警并检查挡位的情况下，启动处于后退挡位车辆，4号车瞬间反向下行撞向3号车副驾驶侧，将在两车之间卸网片的石某林挤伤。

事故造成1人死亡，直接经济损失173.56万元。

(2) 事故原因分析

① 直接原因

驾驶员张某在未进行安全提醒、未确认车辆周围环境安全、未鸣笛、未确认挡位处在空挡的情况下启动车辆，车辆突然后退，将正在两车之间作业的石某林挤伤，导致事故发生。

② 间接原因

a. 现场安全管理不到位。安全管理人员对操作规程、安全管理制度现场落实情况监督检查不力，对现场存在的违章行为未及时有效制止。对违规停车、半坡装卸物料等习惯性违章行为未能及时采取有效措施予以纠正制止。

b. 某项目部内部管理混乱。安全管理人员履职不到位，岗位职责不清；安全管理制度落实不到位，施工组织混乱，车辆调度管理无序；日常安全培训教育不到位，职工自保互保意识差。

c. 该煤矿安全生产主体责任落实不到位。对项目部安全机构设置、人员培训、安全生产监督管理不到位等问题监管不力，对项目部的日常监督检查及安全考核不到位。

③ “三违”行为原因分析

a. 驾驶员张某在未进行安全提醒、未确认车辆周围环境安全、未鸣笛、未确认挡位处在空挡的情况下启动车辆，违章作业。

b. 事故现场存在煤矿通防队砌筑风门和项目部掘进队运输支护材料、调试刮板输送机三项工作交叉作业，未安排专人对交叉作业统一协调指挥，违章作业。

c. 4 号车司机违反煤矿井下无轨胶轮车运输安全管理规定，违规在坡道上驻车卸载物料且停车安全距离不足，违章作业。

d. 3 号车违规横停在 11 采区带式输送机上山内，影响其他车辆正常通行，现场作业人员未及时识别出违规作业可能出现的安全风险，违章作业。

答 **挑战答题**

① 驾驶员张某在未进行安全提醒、未确认车辆周围环境安全、未鸣笛、未确认挡位处在空挡的情况下启动车辆，车辆突然后退，将正在两车之间作业的石某林挤伤，是事故发生的直接原因。（　　）

② 事故现场存在煤矿通防队砌筑风门和项目部掘进队运输支护材料、调试刮板输送机三项工作交叉作业，未安排专人对交叉作业统一协调指挥。（　　）

③ 4 号车司机违反煤矿井下无轨胶轮车运输安全管理规定，违规在坡道上驻车卸载物料且停车安全距离不足。（　　）

(3) 事故防范措施

① "三违"行为防范措施

a. 严禁在未进行安全提醒、未确认车辆周围环境安全、未鸣笛、未确认挡位的情况下启动车辆。

b. 严禁在未安排专人对交叉作业统一协调指挥时作业。

c. 严禁在坡道上驻车卸载物料，停车安全距离不足严禁卸料。

d. 严禁在井下违规停车，以免影响其他车辆正常通行，现场作业人员及时识别出违规作业可能出现的安全风险。

② 其他防范措施

a. 全面加强运输安全管理。进一步健全车辆运输管理制度，切实加强井下、地面车辆管理，重点围绕车辆完好、岗位操作规范、规程措施等方面，常态化开展自查自纠整改工作。认真排查车辆设计缺陷，全面消除车辆视觉盲区和操作缺陷等问题，严禁车辆带病运行。加强车辆运输路线管理，完善安全避险、失速保护、信号指示灯等安全设施。加强员工行为规范管理，严格执行“行人不行车，行车不行人”的规定。

b. 强化现场作业安全管理。严格落实安全管理人员岗位责任，提高现场安全管理能力，加强对重点作业区域、关键环节的检查巡视力度，严肃查处“三违”作业，持续规范井下从业人员现场作业行为。

c. 加强安全教育培训。落实安全教育培训主体责任，扎实开展煤矿全员安全教育培训，切实将承包单位培训纳入一体化管理，系统开展应知应会、操作技能、应急处置、规程措施等培训，增强从业人员风险辨识能力，强化风险分级管控措施，不断提升从业人员安全意识和自保、互保、联保意识。

挑战答题

④ 交叉作业时可以不安排专人统一协调指挥。（　）

⑤ 煤矿井下要严格执行“行人不行车，行车不行人”的规定。（　）

⑥ 承包单位人员的培训工作由承包单位自行承担，不需要纳入本矿一体化管理。（　）

参考答案

一、××√√××　　二、√√√×√√

三、××√√×√　　四、√××√√×

五、√√√√×√　　六、√×√√×√

七、√√×√××　　八、×√×√√√

九、√√√×√×

第十二章　新工人井下师带徒实习

《煤矿安全培训规定》规定：煤矿企业新上岗的井下作业人员安全培训合格后，应当在有经验的工人师傅带领下，实习满四个月，并取得工人师傅签名的实习合格证明后，方可独立工作。

第一节　煤矿师带徒实习的工作流程

学习目标

1. 了解师带徒实习的概念、程序。
2. 了解师傅、徒弟的职责与权利。
3. 了解师带徒的考核内容和考核方式。

相关知识

一、煤矿师带徒的概念

煤矿师带徒是指由有经验的工人师傅带领新上岗的井下作业人员进行实习，以帮助其提高安全生产水平和操作技能，保障安全生产。

二、煤矿师带徒的实施程序

实施程序为：确定实习对象→师傅遴选→师徒结对→组织审核→签订“师带徒协议书”并组织实施→提交培训计划和工作总结→考核与评价→徒弟出师考核。

(1) 确定实习对象：煤矿新上岗且安全培训合格的井下作业人员。

(2) 师傅遴选：队组根据实习对象的技能水平、个人能力、综合素质和工作业绩、培训计划和目标等情况，确定师傅推荐人选。可以由徒弟选择师傅，组织确认，也可以由组织直接指定。

(3) 师徒结对：师傅和徒弟按工种对口原则进行师徒结对，制订培训计划、目标和措施等。

(4) 组织审核：由领导组办公室组织审核师徒资格、培训计划目标和措施等。

(5) 签订"师带徒协议书"并组织实施：师徒关系审核确定后，按要求签订"师带徒协议书"和"师带徒培训任务书"，并认真组织实施。

(6) 提交培训计划和工作总结：师傅做好培训记录，提交月度培训计划和季度培训小结；徒弟做好学习记录，每月必须提交一份月度学习小结；培训协议期满，师徒双方各提交一份培训总结。

(7) 考核与评价：由领导组办公室和队组共同组织实施。

(8) 徒弟出师考核：由师徒填写"出师申请表"提出出师申请，队组加注考核意见后，报领导组办公室，由领导组办公室组织有关部门进行考核，确定是否出师。考核合格者准予出师，不合格重新进行师带徒培训，并按规定对师徒进行考核。

三、煤矿带徒师傅的要求

师傅应坚持党的基本路线，思想进步、作风正派、身体健康，并具有下列条件之一：

(1) 从事本岗位工作，有较高的理论水平和实际操作技能的熟练工人。

(2) 具有职业技能鉴定规范中规定的中级工及以上的技术工人。

(3) 掌握本岗位技术操作绝技绝活的工人。

(4) 带特种作业徒弟的，必须有特种作业操作资格证且达到中级工及以上的技术工人。

(5) 集团公司、矿命名的技术能手。

有下列情形之一的工人不能担任师傅：

(1) 在年度内有严重违章作业和违章指挥记录的。

(2) 工作过程中态度不端正，经常出现麻痹大意等现象。

(3) 工作中常伴有不良习惯，经提出仍未改正的。

四、师傅、徒弟的职责与权利

1. 师傅的职责

(1) 负责徒弟的日常管理，要关心、爱护徒弟。

(2) 负责徒弟的安全生产、遵章守纪的教育和监督工作。

(3) 负责徒弟的现场安全监护管理。

(4) 负责按照单位制定的本工种操作规程等进行教学，按期接受考核。

(5) 注重理论联系实际，在保证安全的前提下，主动为徒弟提供实践锻炼的机会。

(6) 积极主动传授技艺，切实把一技之长传授给徒弟。在传授技艺的同时，把优良的工作作风、吃苦耐劳的精神、职业道德和正确的安全生产经验传授给徒弟。

(7) 将徒弟所从事工种岗位的应知应会知识按要求传授给徒弟。

(8) 在带徒期间，师傅必须严格按《煤矿安全规程》、作业规程、工种岗位操作规程和安全生产标准化的要求教徒弟干标准活、放心活，对徒弟实习操作中存在的问题及时进行纠正指导。

2. 徒弟的职责

(1) 热爱本职工作，具有良好的工作作风和求知欲，虚心向师傅学习，主动向师傅请教。

(2) 严格遵守所在矿井、区队和班组的各项劳动纪律、规章制度。

(3) 听从指挥、服从管理，不得违章作业，做好自主保安。

(4) 尊重师傅，勤奋学习，刻苦钻研，认真实践。

3. 师傅的权利

(1) 师傅有权制止徒弟违章作业，有权更有义务纠正徒弟违章操作。

(2) 师傅对徒弟有具体考核的权利。

(3) 师傅对徒弟工资的分配有建议的权利。

(4) 师傅对徒弟的安全操作技能及职业道德有提出批评和管理的权利。

4. 徒弟的权利

(1) 徒弟对师傅的违章指挥、违章作业有权制止。

(2) 徒弟对师傅传授的安全操作技能及安全知识有提出疑问的权利。

(3) 徒弟对师傅的虐待、欺骗行为有申诉的权利。

(4) 师傅若歪曲徒弟的考核结果，徒弟有向矿上申诉的权利。

五、师徒结对及“师带徒协议书”的签订

(1) 煤矿井下新工人上岗作业前必须签订“师带徒协议书”。

(2) 师徒结对采取双向选择或单位指定两种形式:单位指定，即由所在区队根据岗位要求、工作特点，并征得本人同意，指定师傅和徒弟结成师徒帮教的形式;双向选择，即由师徒本人根据自己的意愿结成师徒帮教的形式。

(3) 原则上采取“一对一”的结对帮教形式，师资不足的区队可建立“一对多”的师徒帮教形式，但1个师傅不能带超过3个徒弟。各区队将确定的师带徒岗位培训名册报领导组办公室备案。

(4) 结成师带徒岗位培训的师傅、徒弟，由矿统一组织签订“师带徒协议书”。“师带徒协议书”应明确培养目标、师徒双方的责任和义务、考核评价内容和方式等。

(5) “师带徒协议书”一式三份，师傅、徒弟、领导组办公室各一份。

(6) 协议期内，如师傅或徒弟一方工作变动，导致不能继续履行协议的，可酌情重新安排师傅或徒弟并签订“师带徒协议书”，原协议即行终止。

(7) 根据工作需要和个人申请，可变更师徒人选，变更后应重新签订或变更“师带徒协议书”。

六、煤矿师带徒的考核内容

主要考核评价“师带徒协议书”履行情况，徒弟的专业理论知识掌握情况、实际操作技能水平、思想和工作表现等。

(1) 考核评价“师带徒协议书”的签订。培训目标明确，培训措施具体，能结合徒弟的个人条件和岗位实际，针对性、可操作性强。

(2) 考核评价师带徒培训过程。主要考核评价师带徒培训过程中所采取措施的执行情况，包括：

① 师带徒活动开展的质量，徒弟的学习记录和师傅的指导意见等。

② 徒弟的日常考试成绩，日常工作任务、学习任务完成情况等。

③ 师傅的月度培训计划和季度总结，徒弟的月度小结。

④ “师带徒协议书”规定的师徒其他职责的履行情况。

（3）考核评价师带徒培训结果以“师带徒协议书”所签目标为基本依据。通过日常工作的案例或技能鉴定、技术比武等印证徒弟所具备的技能操作水平、等级，现有操作岗位水平提升情况，能解决或解决过哪些生产难题，对现岗位基本知识和技能的掌握情况，能否独立完成日常工作等。

七、考核方式(参考示例)

（1）月度考核在每月的月底进行，对季度内“师带徒”培训的开展情况进行综合考核评价，考核评价结果分 A、B、C、D 四个等级，根据“师带徒月度考核评价细则”，满 90 分为 A 级，满 80 分为 B 级，满 70 分为 C 级，不满 70 分为 D 级。

（2）协议期满考核一般根据“师带徒”协议期满时间的集中情况，安排考核时间，也可以安排其他时间进行。协议期满考核是在综合各季度考核结果的基础上再加上民主测评，评选出优秀师徒，并确定出师情况。

（3）四次月度考核等级均为 A、B 级的师傅可直接列为下次师傅推荐人选；考核等级为 D 级的师傅，视为不合格，不再作为下次同一层次的师傅推荐人选。

（4）协议期满考核都为优秀的师徒，考核评价结果还可作为人员评优评先的重要依据。

第二节　井下实习安全必知必会

学习目标

掌握煤矿井下工作的安全常识。

相关知识

安全是父母的寄托，安全是妻儿的期盼，职工的安全关系着个人和家庭的幸福。因此，煤矿新工人在井下实习期间，为了保障自身的安全，必须掌握必备的安全知识，切不可违章操作。

(1) 入井前一定要吃饱、睡好、休息好，严禁酒后下井，入井前一天晚上也应避免过量饮酒。

(2) 入井前要穿戴好工作服、安全帽、胶靴，脖子上最好戴条毛巾，用于井下擦汗，防止矿渣掉进脖子里，同时，在井下自救、互救的时候，毛巾也有很大的用处。

(3) 入井前仔细检查矿灯电量是否充足，矿灯、自救器是否完好。

(4) 在巷道顶部有人进行维修工作的地点穿过时，要先与上面工作的人联系好，请他们暂时停止工作，然后再通过。

(5) 无论在哪里都不要双腿骑钢丝绳行走。

(6) 不要在轨道中间走，也不要随便横穿电车轨道、绞车道，否则容易发生意外。如一定要横过，就要看清前后来往车辆，要在没有车辆通过时才能横越穿过。特别在跨越钢丝绳的时候，更要多加小心，防止绊倒或被钢丝绳打着。

(7) 巷道口钉有栅栏或挂有危险警告牌的地点，说明里面存在有害气体，进去有中毒和窒息的危险，所以这些地方都不能进去。

(8) 不准单独一人进入偏僻地带和危险区，严禁进入独头硐室等禁止进入的地方。

(9) 长的工具和材料都要拿在手里，不要扛在肩上，避免碰伤人或碰坏电灯、电缆等设备，在有架线电机车行驶的巷道里行走时，尤其要留意不能让工具碰到电线，否则会有触电的危险。

(10) 带式输送机和刮板输送机不论是否开动，都不能在上面行走，否则，很容易摔倒或夹住腿脚。

(11) 过风门的时候一定要小心，脚一定不能踏风门门槛，防止风门关闭时夹伤脚和大腿。

(12) 在井下迷失方向不必紧张，可根据风流方向寻找出口。

(13) 保护好各种安全生产设施、装置、安全标志牌和测量标志。

(14) 设备启动前，要检查周围环境是否安全，是否有人进入运转设备的工作范围内，确认无危险后方可启动。

(15) 工作前应首先敲帮问顶，工作中要随时检查支护情况，发现顶、帮松动或脱落，应立即躲开或站到安全地点进行清理。严禁站在未支护的地点工作。

(16) 井下的液压支架、采煤机、掘进机、绞车等设备不可随意操作，如确需操作，应请师傅或领导安排专人操作。

(17) 熟悉安全出口的位置和各类灾害的避灾路线，遇到生产安全事故能够及时避灾逃生。

(18) 熟悉躲避硐、避难硐室、压风自救系统、通信联络系统的位置和使用方法。

(19) 遇到突然停电停风或局部通风机停止运转后，要立即停止工作，撤离到安全的地方。

(20) 作业地点出现严重危及人身安全的征兆时，必须迅速撤出危险区，并及时报告与处理，同时设置警戒或信号标志。

第三节　井下工作环境安全确认

学习目标

1. 了解采煤工作面的安全确认常识。
2. 了解掘进工作面的安全确认常识。

相关知识

一、采煤工作面安全确认

(一) 工作时的安全确认

1. 一般规定

(1) 严禁人员进入运转的刮板输送机、转载机里侧和上方作业；必须进入作业时要停机闭锁，维护好顶板与煤帮，并设专人看管闭锁和观察顶帮后方可进行。

(2) 进入工作面内的所有人员应在支架人行道内行走，片帮掉顶的大块煤矸要及时处理。

(3) 所有人行道，安全间隙确保在 0.8 m 以上，安全出口高度不低于 1.8 m，两巷物料及配件码放整齐，配件上架，物料堆放不得超过顺槽断面积的 1/3。配齐标志牌，做到整洁、无杂物、无积水。

(4) 所有人员在处理各种管子前必须关闭截止阀，严禁带压作业。

2. 采煤工作面的现场安全确认

采煤工作面现场安全确认表见表 12-1。

表 12-1 采煤工作面现场安全确认表

序号	内容	检查标准	确认
1	安全出口与端头支护	超前支护是否符合规定	
2		安全出口是否通畅	
3		两道切顶线是否符合规定，上隅角瓦斯是否超限	
4		工作面排头支架与巷道支护间距是否符合要求	
5		端头支架防倒防滑措施是否有效	
6	工作面	支架是否完好，工作状态是否符合规定	
7		采高是否符合规定	
8		是否有片帮、掉顶现象，是否采取有效措施进行处置	
9	采煤机	采煤机与刮板输送机急停闭锁装置是否灵敏可靠	
10		手把、按钮、旋钮是否灵活可靠	
11		管线有无损坏，仪表是否齐全	
12		内外喷雾是否正常	

表 12-1(续)

序号	内容	检查标准	确认
13	其他设备设施	液压系统是否漏液、窜液	
14		刮板输送机、转载机沿线急停装置是否灵敏可靠	
15		乳化液泵压力值、乳化液浓度是否符合规定	
16		通信系统是否畅通	
17		监测、监控设施安设位置是否符合规定	
18		操作按钮是否吊挂	
19		无极绳绞车、调度绞车安设是否符合要求,信号是否齐全	
20	安全管理	工作面各地点消防器材是否齐全、完好	
21		设备外漏部分是否有可靠安全防护罩	
22		溜煤口上口是否有可靠的安全防护罩	
23		阻、挡车装置和跑车防护装置是否齐全可靠	
24		带式输送机、刮板输送机行人跨越处是否有过桥	
25		转载点是否有喷雾装置	
26		压风自救、供水施救系统是否符合要求	
27	确认结果	可以开工	
28		不可以开工	

（二）短暂休息后的安全确认

(1) 休息时不坐在安全帽和自救器上,不用矿灯往行人脸上照,选择顶板无淋水、无冒顶的区域。

(2) 开工前,必须对工作面的安全情况进行检查,确认无危险后,方可进入工作面。敲帮问顶时,其他无关人员不得进入工作面。

(3) 采煤工作面必须备有长、短钢钎等敲帮问顶作业工具。敲帮问顶要由外向内、由下向上进行。

(4) 敲帮问顶时,先检查和维修工作面被崩倒的支架,再清除工作面的伞檐、危石。

(5) 采煤工作面伞檐不得超过作业规程规定，不得丢失顶煤和底煤。

(6) 敲帮问顶时，工作面顶板出现离层、断裂，又不能立即挑下时，必须立即进行支护或采取临时支护措施，临时支护必须牢固可靠。

(7) 敲帮问顶作业时，应注意观察煤壁和小井口附近顶板压力。

(8) 开采急倾斜煤层时，必须有防止煤层垮落和片帮的措施(采用单腿棚或支架)，点柱应紧靠煤壁，顶部要背实。

(9) 采煤工作面必须经常存有一定数量的备用支护材料，存放点与工作面的距离应符合作业规程规定。

(10) 采煤工作面必须按作业规程规定及时支护，严禁空顶作业，所有支架必须架设牢固，并有防倒柱措施。严禁在浮煤或浮矸上架设支架。

二、掘进工作面安全确认

(一) 工作时的安全确认

1. 一般规定

(1) 要按照规格把支柱打正打牢。爆破打倒的或工作中碰倒的柱子，要立即重新支好。

(2) 行走时要走人行道，不要靠煤帮走，不要在刮板输送机上走，也不要在没有支架处站立。

(3) 要注意避开掘进机的截割头，防止碰伤。在采用爆破掘进的工作面工作，要随时注意爆破信号，听从爆破工的信号指挥。

(4) 使用综掘设备的工作面，在掘进机上有许多开关手柄，不是掘进机司机不可随意拨弄，要注意保护油管和缆线。

(5) 不要拨弄工作面的掘进设备和运输机械，工具不要乱摔乱放。

(6) 不要把大设备放在刮板输送机上搬运。在用刮板输送机运送支护材料时，一定要按照下面的方法操作：材料放入刮板输送机时，要先放前端，再放后端；从刮板输送机上取出材料时，要先取后端，再拉出前端。

2. 掘进工作面的现场安全确认

掘进工作面现场安全确认表见表 12-2。

表 12-2　掘进工作面现场安全确认表

序号	内　容	确认
1	探放水是否符合规定	
2	巷道高宽是否符合规定	
3	局部通风机安设位置是否符合规定，是否存在循环风，垫高是否大于 0.3 m	
4	局部通风机是否完好，是否做切换试验，风筒是否漏风，风筒口距工作面距离是否符合作业规程规定	
5	巷道支护是否符合规定，是否有漏顶片帮	
6	机电设备保护是否齐全可靠，电气设备有无失爆，有无带病运行，机电设备、设施是否干净整洁	
7	监测监控设备安设是否符合规定，监控探头是否完好，吊挂是否合理，施工地点电话是否畅通	
8	防尘水幕、喷雾、消防器材是否齐全、有效、完好	
9	工作面管路、电缆是否吊挂整齐、完好	
10	供水施救、压风自救系统是否安装到位且灵敏、可靠	
11	隔爆水袋数量、水量是否符合要求，吊挂是否规范	
12	作业人员是否穿化纤衣服，自救器是否随身携带	
13	工作面卫生有无煤泥、积水；进回风巷卫生状况是否良好，有无煤泥、积水	
14	备用材料是否分类堆码整齐并挂牌管理	
15	施工图表、各种牌板、记录是否按规定悬挂、填写	
16	有无其他安全隐患	

（二）短暂休息后的安全确认

（1）顶板完好，煤墙无片帮现象，临时支护齐全有效，无拒爆、残爆现象。

(2)“三专两闭锁”齐全有效,风筒安设符合要求,瓦斯探头悬挂符合规定,隔爆水袋规格、数量符合要求。

(3) 支架架设符合要求,联网质量合格,间排距在误差范围内。

(4) 行人过桥符合规定,刮板输送机及信号运行可靠,机电设备无失爆现象。

(5) 机头机尾柱打设牢固。

(6)“三人连锁爆破”制度执行较好,安全戒备距离符合规定,按规定使用水炮泥。

(7) 刮板输送机、带式输送机安设合格,设备运行可靠,信号齐全有效。

附　录

附件 1　自救互救与创伤急救实操考试考核表

考试时间:30 min

单位:__________________　姓名:______　得分:______

项目	考核内容	考核方式	考核工器具	标准分	操作标准	考核要求	扣分原因	得分
自救互救与创伤急救	1. 口对口人工吹气法的操作	实操	救护模拟人	30 分	1. 操作前使伤员仰卧。(5 分) 2. 救护者在其头的一侧,一只手托起伤员下颌,并尽量使其头部后仰,另一只手将其鼻孔捏住,以免吹气时从鼻孔漏气。(5 分) 3. 救护者深吸一口气,紧贴伤员的口将气吹入,使伤员吸气,然后松开捏鼻的手,并用手压其胸部以帮助伤员呼气。(7.5 分) 4. 有节律、均匀地反复进行,每分钟应吹气 14 ～ 16 次。(7.5 分) 5. 注意吹气时切勿过猛、过短,也不宜过长,以占一次呼吸周期的 1/3 为宜。(5 分)	每缺一小项或一小项操作不正确,该小项不得分		

续表

项目	考核内容	考核方式	考核工器具	标准分	操作标准	考核要求	扣分原因	得分
自救互救与创伤急救	2. 胸外心脏按压的操作	实操	救护模拟人	7.5分	1. 将伤员仰卧在木板上或地上，解开其上衣和腰带，脱掉其胶鞋。(2.5分) 2. 救护者位于伤员右侧，手掌面与前臂垂直，一手掌面压在另一手掌面上，使双手重叠置于伤员胸骨1/3处(其下方为心脏)，以双肘和臂肩之力有节奏地、冲击式地向脊柱方向用力按压，使胸骨压下陷至少5～6 cm。(2.5分) 3. 按压后，迅速抬手使胸骨复位，以利于心脏的舒张。按压次数以每分钟100～120次为宜。(2.5分)	每缺一小项或一小项操作不正确，该小项不得分		

续表

项目	考核内容	考核方式	考核工器具	标准分	操作标准	考核要求	扣分原因	得分
自救互救与创伤急救	3. 创伤包扎的操作	实操	救护模拟人、急救箱(包扎用具)	12.5分	1. 少量出血的处理：表面伤口和擦伤，用干净的水冲洗，用创可贴或干净的纱布、手绢包扎伤口。(3.5分) 2. 止血带不能直接缠在皮肤上。上肢出血扎在上臂上1/3处，下肢出血扎在大腿中上部。(3分) 3. 包扎要松紧适度，做好明显标记。(3分) 4. 不能用铁丝、电线、绳索等代替止血带(3分)	每缺一小项或一小项操作不正确，该小项不得分		
满分		50分			实得分			

考核人：________________ 考核时间：______年 ____月____日

附件 2　自救器的佩戴和使用实操考试考核表

考试时间:30 s

单位:________________　姓名:______　得分:______

项目	实操内容及分值分配	评分标准	扣分原因	扣分	得分
项目一:自救器携带(2.5 分)	1. 将专用腰带穿入自救器腰带环内。(1.5 分) 2. 自救器固定在背部右侧腰间。(1 分)	每缺一小项或一小项操作不正确,该小项不得分			
项目二:开启扳手(12.5 分)	1. 将自救器沿腰带转到右侧腹前。(2.5 分) 2. 左手托底,右手下拉护罩胶片,使保护罩脱离壳体,扔掉保护罩。(5 分) 3. 再用右手掰锁口带扳手至封印条断开后,丢开锁口带。(5 分)	每缺一小项或一小项操作不正确,该小项不得分			
项目三:去掉上外壳(5 分)	左手抓住下外壳,右手将上外壳用力拔下,扔掉上外壳。(5 分)	一处操作不正确,该小项不得分			
项目四:套上挎带(5 分)	1. 将挎带套在脖子上。(3 分) 2. 整理气囊。(2 分)	每缺一小项或一小项操作不正确,该小项不得分			

续表

项目	实操内容及分值分配	评分标准	扣分原因	扣分	得分
项目五：提起口具立即戴好（15分）	1. 提起口具，拔出启动针，使气囊鼓起。（5分） 2. 拔掉口具塞。（5分） 3. 将口具塞入口中，牙齿紧咬口具牙垫，紧闭嘴唇。（5分）	每缺一小项或一小项操作不正确，该小项不得分			
项目六：夹好鼻夹（5分）	1. 两手同时抓住两个鼻夹垫的圆柱形把柄，将鼻夹拉开。（2分） 2. 憋住一口气，使鼻夹垫准确地夹住鼻子。（3分）	每缺一小项或一小项操作不正确，该小项不得分			
项目七：调整挎带（5分）	1. 取下安全帽，戴好头带，再将安全帽戴好。（3分） 2. 如果挎带过长，抬不起头，可以拉动挎带上的大圆环，使挎带缩短，长度适宜后，系在小圆环上。（2分）	每缺一小项或一小项操作不正确，该小项不得分			
完毕	学员举手示意操作完毕	学员擅自摘下口具或鼻夹扣10分			
满分	50分	实得分			

考核人：__________　　考核时间：________年 ____月____日

附件 3　井下常用标志及设置地点

附表 3-1　井下常用禁止标志及设置地点

名称	符号	设置地点	名称	符号	设置地点
禁带烟火		煤矿井口及井下	禁止入内		井下封闭区、瓦斯区、盲巷、废弃巷道及禁止人员入内的地点
禁止酒后入井		人员出入的井口	禁止停车		井下禁止停放车辆的地段
禁止明火作业		禁止明火作业地点	禁止驶入		线路终点和禁止机车驶入地段
禁止启动		不允许启动的机电设备	禁止通行		井下危险区、爆破警戒处、不兼作行人的绞车道、材料道及禁止行人的通道口等
禁止送电		变电室、移动电源开关停电检修等	禁止穿化纤服装入井		人员出入的井口
禁止扒乘矿车		井下运输大巷交叉口、乘车场、扒车事故多发地段	禁止放明炮、糊炮		井下采掘爆破工作面
禁止扒、蹬、跳人车		井下巷道，每隔50 m设一个	禁止井下睡觉		井下各工序岗位和作业区

附表 3-1(续)

名称	符号	设置地点	名称	符号	设置地点
禁止蹬钩		串车提升斜井上下口	禁止同时打开两道风门		井下巷道风门处
禁止跨、乘输送带		链板、带式输送机、钢丝绳牵引运输不许跨越的地方，间隔30 m设置	禁止井下随意拆卸矿灯		入井口、井下工作面
禁止井下攀牵线缆		井下敷有电缆、信号线等巷道内			

附表 3-2　井下常用警告标志及设置地点

名称	符号	设置地点	名称	符号	设置地点
注意安全		提醒人们注意安全的场所及设备安置的地方	当心坠入溜井		井下溜煤眼、溜矿井、溜矿仓
当心瓦斯		井下瓦斯积聚地段、盲巷口、瓦斯抽放地点、巷道冒高处	当心发生冲击地压		井下有冲击地压的作业区域

附表 3-2(续)

名称	符号	设置地点	名称	符号	设置地点
当心冒顶		井下冒顶危险区、巷道维修地段	当心片帮滑坡		井下有片帮、滑坡危险地段
当心火灾		井下仓库、爆炸物品库、油库、带式输送机、充电室和有发火预兆的地点	当心矿车行驶		井下行人巷道与运输巷道交叉处、井下兼行人的倾斜运输巷道内
当心水灾		井下有透水或水患地点	当心绊倒		井下地面有障碍物,绊倒易造成伤害的地方
当心煤(岩)与瓦斯突出		井下煤(岩)与瓦斯突出危险作业区	当心滑跌		井下巷道有易造成伤害的滑跌地点
当心有害气体中毒		井下 CH_4、CO、H_2S、NO_x 等有害气体危险地点	当心交叉道口		井下巷道交叉口处
当心爆炸		爆炸物品库,运送炸药、雷管的容器和设备上	当心弯道		井下巷道拐弯处

附表 3-2(续)

名称	符号	设置地点	名称	符号	设置地点
当心触电		有触电危险部位	当心道路变窄(左、右、正向)		井下巷道前方变窄的地段
当心坠落		建井施工、井筒维修及井内高空作业处			

附表 3-3 井下常用指令标志及设置地点

名称	符号	设置地点	名称	符号	设置地点
必须戴安全帽		人员出入井口、更衣房、矿灯房等醒目地方	必须桥上通过		井下设有人行桥的地方
必须携带自救器		入井口处、更衣室、领自救器房等醒目地方	必须走人行道		井下人行道两端
必须携带矿灯		入井口处、更衣室、矿灯房等醒目地方	鸣笛		井下机车通过巷道交叉口处、道岔口和弯道前 20～30 m 鸣笛处

附表 3-3(续)

名称	符号	设置地点	名称	符号	设置地点
必须穿戴绝缘保护用品		井下变配电所(硐室)	必须加锁		剧毒品、危险品库房等地点
必须系安全带		建井施工处、井筒检修地点	必须持证上岗		井口、配电室、炸药库等必须出示上岗证的地点
必须戴防尘口罩		井下打眼施工、炮烟区			

附表 3-4　井下常用路标、名牌、提示标志及设置地点

名称	符号	设置地点	名称	符号	设置地点
紧急出口(左、右向)		设在井下采区安全出口路线上(间隔 100 m)和改变方向处	运输巷道		井下运输巷道
电话		井下通往电话的通道上	指示牌		根据需要自行设置
躲避硐		井下通往躲避硐室的通道及躲避硐室入口处	路标		自行设置

附表 3-4(续)

名称	符号	设置地点	名称	符号	设置地点
急救站		井下通往急救站通道上	避火灾、瓦斯爆炸路线		井下躲避火灾、瓦斯、煤尘爆炸的通道上
爆破警戒线		井下爆破警戒线处	避水灾路线		井下躲避水灾的通道上
危险区		井下火灾、瓦斯、水患等危险区附近	避有毒有害气体路线		井下躲避有毒有害气体路线的通道上
沉陷区		井下地表沉陷滑落区	永久密闭	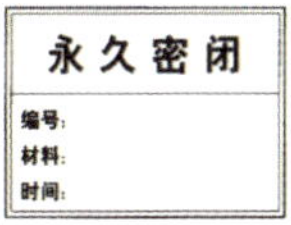	井下废巷、盲巷入口处
前方慢行		井下风门、交叉道口、弯道、车场、翻罐等须减速慢行地点	测风牌		井下掘进、采煤工作面等处
进风巷道		井下进风巷道	炮检牌	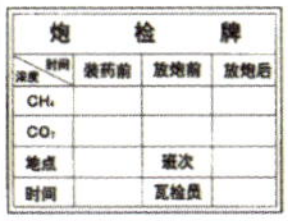	井下采、掘工作面等要求设置的地点
回风巷道		井下回风巷道	瓦斯巡检牌		采、掘工作面等要求设置的地点

参考文献

[1] 卜素.《中华人民共和国安全生产法》专家解读[M]. 徐州:中国矿业大学出版社,2021.
[2] 国家矿山安全监察局.《煤矿安全生产标准化管理体系基本要求及评分方法》考核手册[M]. 北京:应急管理出版社,2024.
[3] 黄学志,王洪权,时国庆,等.《煤矿防灭火细则》专家解读[M]. 徐州:中国矿业大学出版社,2021.
[4] 刘志明. 煤矿新员工安全培训教材[M]. 2023年新版. 徐州:中国矿业大学出版社,2022.
[5] 孙广建,张长合,魏永建. 煤矿从业人员安全再培训教材:"七新"知识与必知必会必禁知识问答[M]. 徐州:中国矿业大学出版社,2023.
[6] 王平炎,王山,马胜银. 煤矿从业人员安全培训教材:从业实用安全知识及现场应急技能问答[M]. 徐州:中国矿业大学出版社,2023.
[7] 袁河津.《煤矿安全规程》专家解读:井工煤矿[M]. 2022年修订版. 徐州:中国矿业大学出版社,2022.
[8] 中华人民共和国应急管理部,国家矿山安全监察局. 煤矿安全规程:2022[M]. 北京:应急管理出版社,2022.